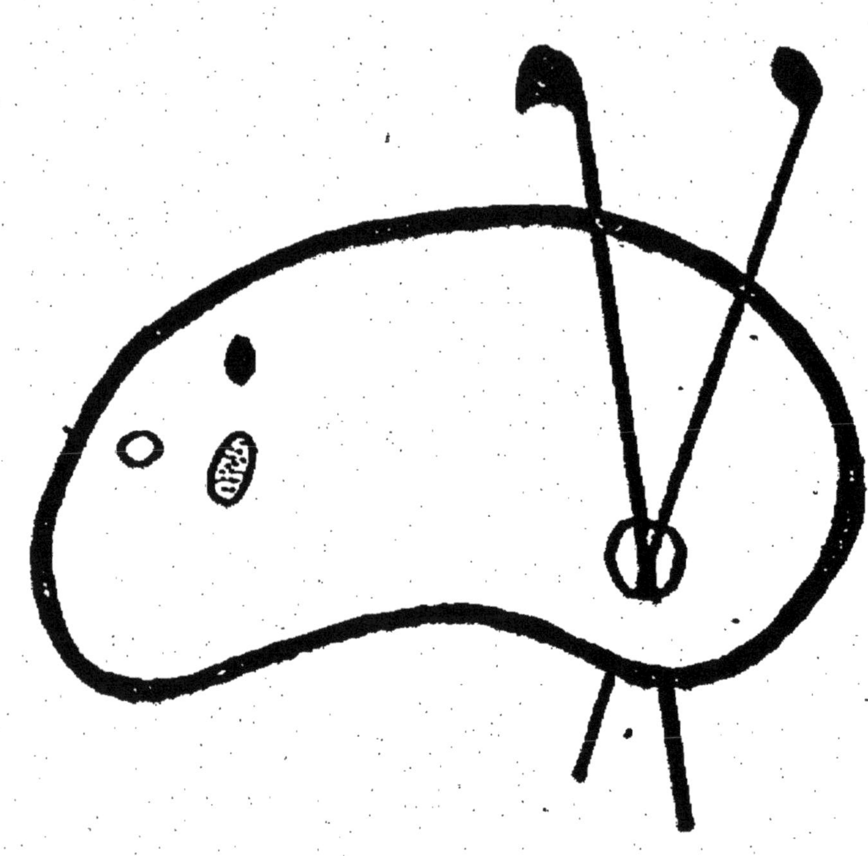

DEBUT D'UNE SERIE DE DOCUMENTS
EN COULEUR

EXPLORATION

DU

SAHARA

Par K***

PARIS
LIBRAIRIE MILITAIRE DE L. BAUDOIN ET Cᵉ
IMPRIMEURS-ÉDITEURS
30, Rue et Passage Dauphine, 30

1888

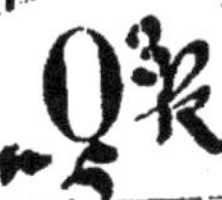

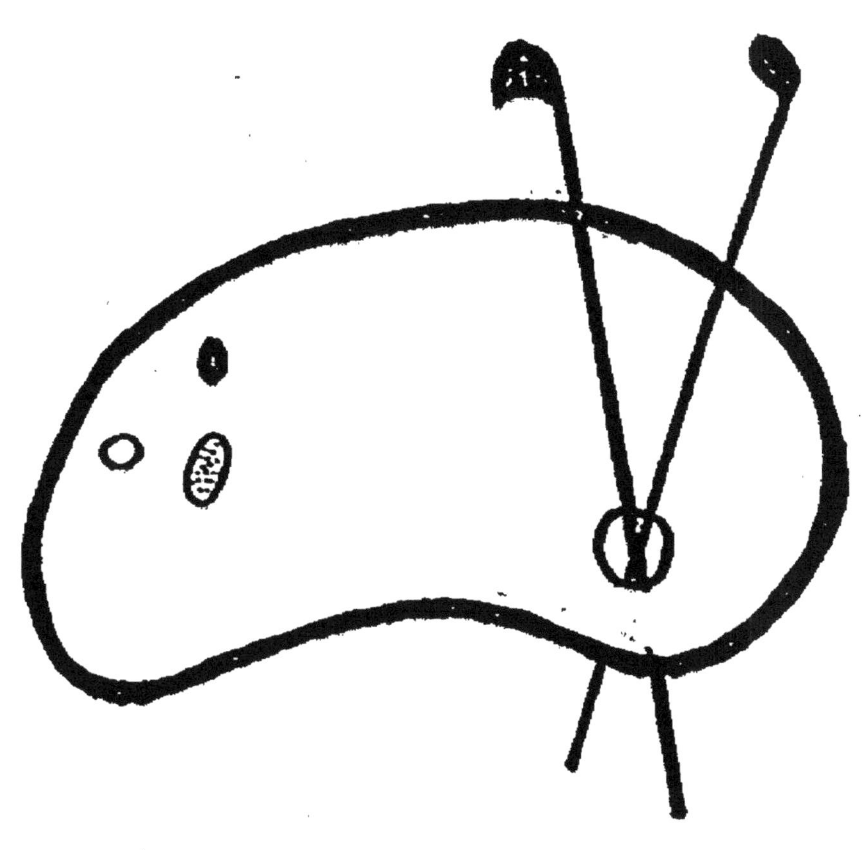

FIN D'UNE SERIE DE DOCUMENTS
EN COULEUR

EXPLORATION DU SAHARA

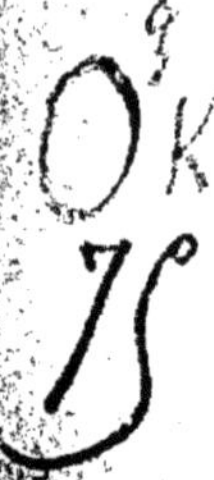

PARIS. — IMPRIMERIE L. BAUDOIN ET C[e], 2, RUE CHRISTINE.

EXPLORATION

DU

SAHARA

Par K***

PARIS
LIBRAIRIE MILITAIRE DE L. BAUDOIN ET C^{o}
IMPRIMEURS-ÉDITEURS
30, Rue et Passage Dauphine, 30

1888

EXPLORATION DU SAHARA.

AVANT-PROPOS.

La constitution de la *National African Company* qui s'est formée à Londres dans le courant de l'année 1886, avec un capital d'un million de livres sterling, pour l'exploitation du bassin du Niger et du Bénoué; l'envoi d'une mission Stanley au secours d'Émin-Bey, mais en réalité pour reconnaître de nouveau les sources du Nil en remontant le Congo; enfin, les travaux que le gouvernement belge se propose d'entreprendre dans sa jeune colonie, attirent l'attention publique sur les contrées peu connues de l'Afrique.

Les pays nègres de l'Afrique centrale qui ont fourni tant d'esclaves au Nouveau-Monde, se trouvent dans la région de l'Équateur. Cette région est aussi riche et aussi peuplée que celles de l'Asie ou de l'Amérique. Nous avons la certitude qu'il n'y a aucune différence entre les anciens États indépendants de l'Asie centrale qui ont formé l'empire des Indes et ceux connus actuellement en Afrique sous le nom d'Aïr, de Bornou, de Haoussa, de Sakatou, etc. Ils ont seulement échappé à l'exploration, grâce au désert du Sahara, qui les sépare de la Méditerranée et qu'aucun voyageur européen n'a abordé sérieusement. A cause de cela, on les considère comme peu importants.

L'Angleterre seule semble s'apercevoir des avantages que l'on peut tirer de ces contrées inconnues, et la création de la *Compagnie africaine* le démontre. Cette compagnie est une société commerciale qui ne se permettrait pas d'engager des fonds dans une entreprise douteuse. Si elle existe, c'est qu'elle prévoit des bénéfices à réaliser[1].

---

[1] Les compagnies françaises du Sénégal ont vendu aux Anglais, en 1885, quarante comptoirs du Bas-Niger. C'est à la suite de cet acte anti-patriotique de nos commerçants que la *National African Company* a élevé le fonds social

L'activité de l'Angleterre et de la Belgique fait revivre nécessairement l'idée du chemin de fer transsaharien, que l'on a abandonné en France un peu légèrement, à la suite de l'insuccès d'une mission d'exploration mal dirigée.

En Russie, le projet de la voie ferrée transcaspienne a rencontré aussi une opposition violente au début. Le gouvernement a su, cependant, écarter les préjugés ou les fausses suppositions, et maintenant que les travaux sont commencés, l'Europe entière ne peut qu'admirer la rapidité avec laquelle cette magnifique œuvre stratégique reçoit son application.

Que le Transcaspien nous serve d'exemple !

Les intérêts de la France en Afrique sont tout à fait différents de ceux que peut avoir le gouvernement russe en Asie. Nous n'avons pas l'intention de nous lancer dans les steppes en poursuivant des projets de conquête. Nous avons deux colonies, l'Algérie et le Sénégal, séparées par un grand désert et qu'il convient de relier ensemble par une voie de communication, afin d'éviter un long trajet des marchandises sur les bâtiments de commerce. En faisant communiquer ces deux colonies par une ligne de chemins de fer, nous pourrions faire transporter en huit ou dix jours tous les produits naturels de l'Afrique centrale et les vendre en France à des prix inférieurs à ceux de l'Angleterre.

Le but du Transsaharien se trouve parfaitement défini. C'est une idée civilisatrice, commerciale et économique. Elle serait incontestablement plus utile à la France que le percement du canal de Suez ou de Panama, destinés à favoriser le commerce étranger.

Les ports de l'Algérie, ceux de Marseille et de Toulon, ainsi que toutes les villes du midi de la France et de l'Afrique, seraient appelés à tirer de grands avantages de cette concurrence faite au commerce des Indes anglaises.

Partisan du Transsaharien et persuadé que cette vaste entreprise, parfaitement réalisable, est appelée à faire le plus grand honneur au génie et à l'initiative de la République française, nous proposons d'organiser une nouvelle mission d'exploration.

Nous avons la certitude qu'une mission partant d'Ouargla et

---

de 5 à 25 millions. L'occupation anglaise de quelques points du Bas-Niger date de l'exploration des frères Lander, c'est-à-dire de 1832 ; mais la compagnie commerciale dont il s'agit n'existe que depuis une dizaine d'années ; elle se développe continuellement.

allant dans le bassin du Taffasasset pourrait traverser le Sahara sans inconvénient, sous la protection d'une escorte bien organisée et bien commandée, qui n'a pas besoin d'avoir un effectif plus considérable que celui d'une ou de deux compagnies d'infanterie.

A cet effet, nous avons jugé utile de résumer, d'après les documents officiels, le journal de marche de la colonne Flatters, et de l'accompagner d'une étude sur la conduite d'une mission à travers le Désert.

Nous pensons que les renseignements intéressants et essentiellement techniques que contient ce travail seront accueillis favorablement.

I. — Documents.

Description succincte du territoire à parcourir.

La partie du Désert qu'il s'agit d'explorer en vue de la construction d'une voie ferrée transsaharienne est une bande de terrain inculte de 2,000 kilomètres de longueur sur 300 de largeur. Elle est bornée au nord par notre colonie de l'Algérie, au sud par le Soudan, à l'est et à l'ouest par les sables du Désert, qui s'étendent d'une part jusqu'à l'Océan Atlantique et de l'autre jusqu'à l'Egypte.

Plusieurs plateaux pierreux d'une certaine élévation, tels que Tademagt, Tasili, Éguéré et Ikerremoin, dont l'ensemble est connu par les géographes sous le nom d'Ahagar, arrêtent les sables mouvants que les vents chassent de l'ouest, et se prêtent mieux que le reste du Sahara à l'établissement d'une voie ferrée.

Ce pays, parcouru par quelques rares caravanes, appartient à deux tribus nomades de Touaregs-Hoggars, du nord, et de Touaregs-Azdjers, du sud.

Le territoire des premiers est situé à environ 600 kilomètres d'Ouargla, et celui des seconds s'étend plus au sud vers le 25e degré de latitude, c'est-à-dire à environ 1200 kilomètres de notre frontière sud de l'Algérie.

La mission Flatters et celle de Palat ont été massacrées par les Touaregs-Hoggars, qui, en réalité, ne sont que des corsaires du Désert. Toutes les caravanes marchandes traversant leur pays sont souvent rançonnées et pillées.

Cependant, ils ne sont pas nombreux. On croit généralement qu'ils ne pourraient fournir plus de 1600 combattants. Ils sont armés d'une manière imparfaite et lutteraient difficilement avec des troupes régulières pourvues d'armes à longue portée.

Enfin, ils sont en guerre continuelle avec les Touaregs-Azdjers, leurs coreligionnaires et voisins, dont ils disputent souvent les frontières.

Étude sur la mission Flatters.

Le lieutenant Palat a entrepris une tâche difficile et téméraire à la fois, celle de traverser seul le Désert en longeant la frontière du Maroc et en passant par Insalah. Il a échoué malheureusement, et son œuvre ne nous apporte aucun renseignement utile. Donc, nous ne pouvons pas nous baser sur l'exploration de cet officier; car elle n'a pas été suffisante, et, d'ailleurs, personne ne connaît aucune trace d'elle jusqu'à présent.

Le colonel Flatters, au contraire, a fourni soit par ses rapports au ministre des travaux publcis, soit par les indigènes qui l'ont accompagné, des détails assez précis. Il a exploré environ les trois quarts du terrain à parcourir.

Nous devons rappeler brièvement les faits, car ils sont de la plus grande importance.

La grande idée de construction d'un chemin de fer transsaharien a été soulevée par la presse. M. de Freycinet, ministre des travaux publics, a constitué, en 1879, une commission d'études qui a donné un avis favorable, et a chargé le lieutenant-colonel Flatters de l'exploration du Désert.

M. de Freycinet s'exprimait de la manière suivante, dans une lettre du 7 novembre 1879, adressée au chef de la mission :

« Je vous charge de diriger une exploration, avec escorte indigène, pour rechercher un tracé devant aboutir dans le Soudan, entre le Niger et le lac Tchad.

« Vous aurez à vous mettre en relations avec les chefs des Touaregs et à chercher à obtenir leur appui.

« Je vous invite à me faire connaître, dans le plus bref délai, les bases d'organisation de l'expédition dont il s'agit, de manière à lui conserver un caractère essentiellement pacifique, ce qui est la condition *sine quâ non* de la mission. »

A la suite de cet ordre, approuvé par le ministre de la

CROQUIS N° 1.
ITINÉRAIRE DU LT-COLONEL FLATTERS
DE OUARGLA A INZ-EL-MAN (1880-1881)

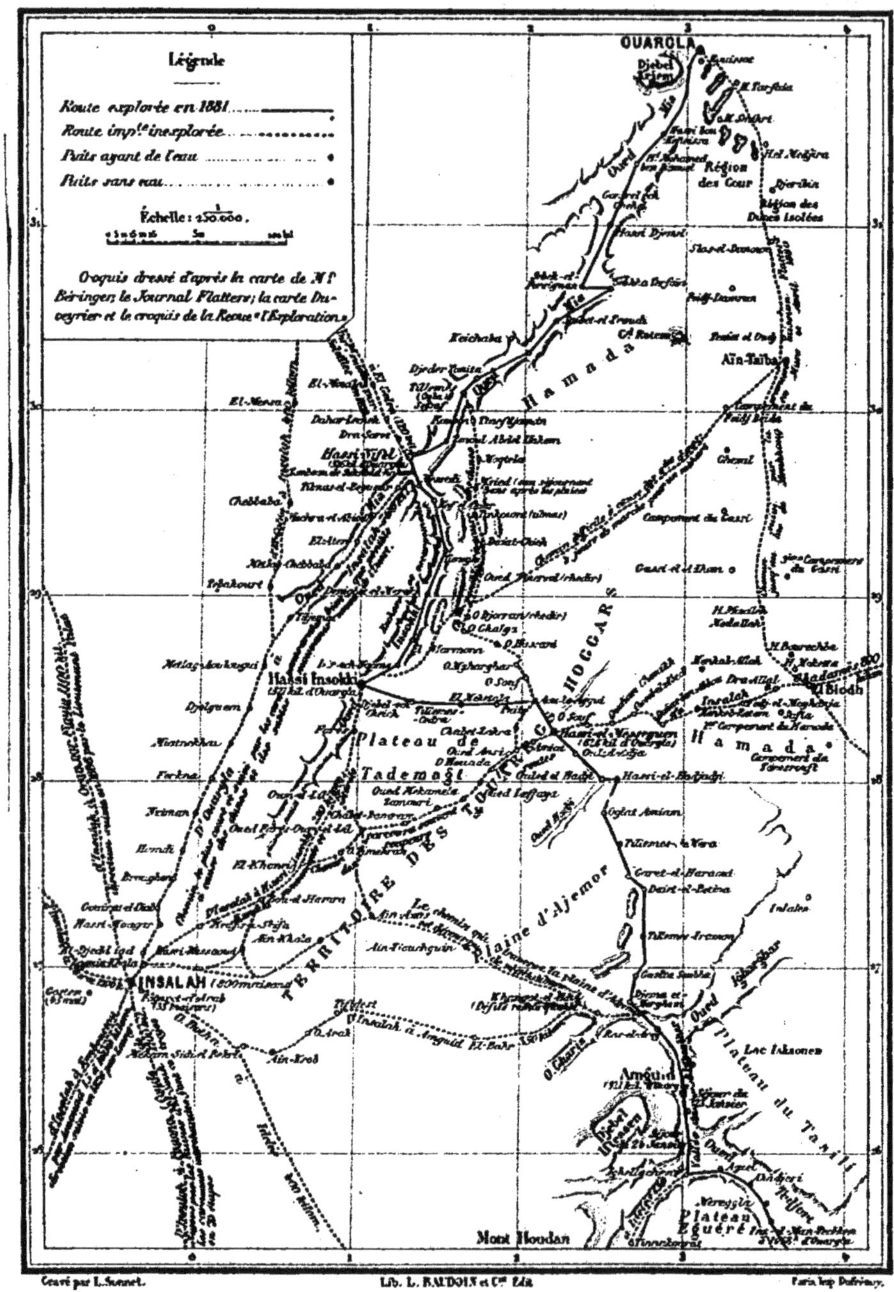

Gravé par L. Sonnet. Lib. L. BAUDOIN et Cie Édit. Paris Imp. Dufrénoy.

guerre et auquel Léon Gambetta donna son consentement moral comme président de la Chambre des députés, une première mission est partie d'Ouargla le 5 mars 1880. Cette mission a atteint le lac Menk-Houg par 26°30' de latitude nord. Mais le colonel Flatters, ne pouvant s'entendre avec le chef touareg et ayant son approvisionnement épuisé, s'est trouvé obligé d'abandonner son projet.

Il est alors revenu sur ses pas et a ramené, le 17 mai 1880, toute la mission à son point de départ.

Cependant, les renseignements fournis par cette première expédition ont été assez importants. La commission d'études ayant reconnu la nécessité d'une seconde expédition, le colonel Flatters a été chargé de reprendre sa marche vers le sud.

La seconde mission, composée de 4 officiers dont un médecin, 4 ingénieurs ou adjoints civils, 49 sous-officiers ou soldats dont 46 indigènes, 12 guides et 33 chameliers indigènes, a quitté Ouargla, point de sa concentration, le 4 décembre 1880[1].

Le personnel de la mission était composé de la manière suivante :

1° Flatters, lieutenant-colonel du 72e régiment, chef de la mission;
2° Masson, capitaine d'état-major, commandant en second;
3° de Dianous, lieutenant au 14e d'infanterie, adjoint;
4° Béringer, ingénieur, chef du service astronomique;
5° Roche, ingénieur, chef du service géologique;
6° Santin, ingénieur civil, adjoint à M. Béringer;
7° Guiard, médecin aide-major de 1re classe au 2e zouaves, chef du service médical et des sciences naturelles;
8° Deux sous-officiers français : Dennery et Pobéguin;
9° Deux ordonnances français : Brame et Marjolet.

La caravane avait 280 chameaux, dont 100 de monture; elle était pourvue de vivres pour 4 mois et d'eau pour 8 jours.

---

[1] Voir la 317e livraison de la revue *L'Exploration*, ainsi que les documents relatifs à la mission Flatters publiés par le ministère des travaux publics, qui servent de base à notre étude. Un article intitulé « Des routes de l'Algérie au Soudan », publié par le *Journal des Sciences militaires* au mois de décembre 1885, donne un autre effectif de la mission Flatters. L'auteur de cet article porte à 66 le nombre de chameliers et à 97 l'effectif de la mission. Il ne parle pas de l'escorte. Il semble qu'au départ de Laghouat l'effectif de la mission était de 95 hommes dont 4 Français, plus 262 chameaux; mais à Ouargla il a été complété et porté à 102 hommes et 280 chameaux.

Depuis le 4 décembre 1880 jusqu'au 16 février 1881, jour du massacre des chefs de la mission, massacre qui a occasionné la retraite, la caravane a parcouru environ 1500 kilomètres en 53 jours de marche non compris les séjours. La moyenne de chaque marche est par conséquent de 28 kilomètres.

Le tableau synoptique des étapes depuis le 4 décembre 1880 jusqu'au 16 février 1881 est le suivant[1] :

---

[1] Voir le croquis n° 1. Ce croquis est la reproduction de la carte de M. Béringer au 1,250,000e, publiée par le ministère des travaux publics. Les noms et les distances y sont portés d'après le journal Flatters. Cependant, pour éviter toute erreur, nous avons tracé la position d'Insalah un peu plus au sud que la carte Béringer, c'est-à-dire au-dessous du 27°, comme elle est indiquée sur beaucoup d'autres cartes géographiques.

Malgré cette modification, nous avons trouvé entre Ouargla et Insalah 680 kilomètres en passant par Oued-Mia, et 750 en passant par Oued-Insokki. Dans ces deux cas, les distances jusqu'au Hassi-Nifel et jusqu'au Hassi-Insokki ont été relevées d'après le journal Flatters. Nous remarquons cependant que le colonel Flatters a admis, d'après les renseignements fournis par les indigènes pendant la première mission, qu'il y a 34 étapes de 25 kilomètres en allant d'Ouargla à Insalah par la route directe d'Oued-Mia. Ce calcul nous donnerait donc 850 kilomètres.

Nous devons ajouter aussi les renseignements suivants : Insalah, dans son ensemble, se compose de 9 ksours contenant 1008 maisons. Le journal Flatters cite les localités suivantes :

NUMÉROS D'ORDRE.	LOCALITÉS.	NOMBRE de MAISONS.	OBSERVATIONS.
1	Sidi-el-Hadj-Mahmed....	4	Se trouve le premier en arrivant par la route d'Ouargla.
2	Sidi-Djilali............	3	A 200 mètres au nord du Sidi-el-Hadj-Mahmed.
3	Sidi-Nefed..............	30	A 1 kilomètre au sud de Sidi-Djilali.
4	Gosten..................	45	A 30 kilom. au sud-ouest de Sidi-el-Hadj-Mahmed.
5	Hassi-el-Hadjar.........	30	A 4 kilomètres au nord de Gosten.
6	Schela..................	10	A 2 kilomètres au nord de Hassi-el-Hadjar.
7	Souhila.................	6	A 500 mètres au nord-ouest de Schela.
8	Melianah................	15	A 2 kilomètres au nord de Schela.
9	Insalah.................	800	Se compose de deux grands ksours séparés par une distance de 300 mètres et contenant chacun 400 maisons.
10	Fogaret-el-Arab.........	35	A 1 kilomètre au sud-est d'Insalah.
11	Inghar..................	30	A 35 kilomètres à l'ouest d'Insalah. — Aucun ksour n'a de mur d'enceinte ; tout le système est dans un fond de *reg* et de *nebka*, envahi par le sable qui, arrivant aux murs des maisons, s'y arrête en les couvrant et finit souvent par les faire écrouler. Chaque ksour a ses palmiers qui sont tous à l'ouest.
	TOTAL.....	1008	

DATE.	LIEUX D'ÉTAPES.	DISTANCE EN KILOMÈTRES.	EAU ou PAS D'EAU.	RENSEIGNEMENTS DIVERS.
1880 4 déc.	*Djebel-Kriem.*	15	Eau.	Caravane, divisée en 6 sections, part d'Ouargla de 8 h. à 11 h. 30. Direction sud. Entrée dans la vallée de l'Oued-Mia. Pâturages assez abondants au point d'arrivée. — Thermomètre à 4 h. du soir : 17° au-dessus de zéro.
5 id.	*Hassi-bou-Keneïssa.*	25	Eau.	Départ à 6 h. 45; arrivée à 12 h. 30. Puits profond de 7m,40. Température d'eau : 23°. A Keneïssa, bon pâturage. Grande plaine sur tout le parcours. — Thermomètre à 7 h. du matin : 8° au-dessus.
6 id.	*Hassi-Mohamed-ben-Haouel.*	30	Pas d'eau.	Départ à 6 h. 30; arrivée à 2 h. Plaine sablonneuse. Camp à 4 kil. du puits qui est mort.— Thermomètre à 4 h. du soir : 18°.
7 id.	*Gonirel-ech-Chehel.*	30	Pas d'eau.	Départ à 6 h. 30; arrivée à 2 h. Plaine sablonneuse, petites dunes à l'horizon. A 12 kil. du point de départ, se trouve le puits Haicha ayant 8 mèt. de profondeur. — Thermomètre à 7 h. du matin : 8°.
8 id.	*Hassi-Djemel.*	18	Eau.	Départ à 6 h. 30; arrivée à 11 h. 30. Puits de 11 mèt. de profondeur. Température d'eau : 23°. — Thermomètre à 10 h. du matin : 15°.
9 id.	*Idem.* (Séjour.)	»	»	Les puits étant morts dans toute la région de l'Oued-Mia, on fait renouveler l'eau des outres et l'on fait boire les chameaux en vue de 6 ou 7 jours sans eau, qui vont suivre. Une reconnaissance faite par MM. Béringer et Roche. — Thermomètre à 10 h. du matin : 14°.
10 id.	*Sebek-el-Fersignan.*	30	Pas d'eau.	Départ à 6 h. 30; arrivée à 2 h. Pâturage. — Thermomètre à 4 h. du matin : 5° au-dessus.
11 id.	*Saibet-el-Troudi.*	32	Pas d'eau.	Départ à 6 h. 30; arrivée à 2 h. Plaine faiblement ondulée; terrain de gassit et cailloux irréguliers. Pas de puits. Au point d'arrivée, on trouve quelque végétation.— Thermomètre à 1 h. du soir : 20°.
12 id.	*Keichaba.*	42	Pas d'eau.	Départ à 6 h. 30; arrivée à 4 h. 30. Puits morts. A Keichaba, les pâturages sont abondants quand il a plu, mais la pluie est rare. Au moment du passage de la caravane, les chameaux trouvent peu de chose à manger. Le pâturage se trouve sur le plateau, à 2 kil. au nord-ouest de la route. — Thermomètre à 4 h. du soir : 16°.
	A reporter.....	222		

DATE.	LIEUX D'ÉTAPES.	DISTANCE EN KILOMÈTRES.	EAU ou PAS D'EAU.	RENSEIGNEMENTS DIVERS.
1880	Report.....	222		
13 déc.	*Djeder-Tonita.*	42	Pas d'eau.	Départ à 6 h. 45 ; arrivée à 4 h. 30. A 12 kil. de Kaichaba, passage de dunes; végétation très abondante au point d'arrivée : drin, baguel et tamarix. — Thermomètre à 7 h. du matin : 0°.
14 id.	*Tillemes-Sefsaf.*	22	Pas d'eau.	Départ à 6 h. 45; arrivée à 12 h. 30. Végétation abondante au point d'arrivée ; les chameaux trouvent une ample compensation de leur jeûne forcé des jours précédents. A 15 kil. du point de départ se trouve un bouquet d'arbres. Après les pluies, on y trouve de l'eau pendant quelques mois. — Thermomètre à 10 h. du matin : 11°.
15 id.	*Zmoul-Abdel-Hakem.*	28	Eau.	Départ à 6 h. 30 ; arrivée à 4 h. 30. Terrain peu mouvementé ; petites dunes assez compliquées. On trouve çà et là dans le thalweg des excavations où l'eau séjourne 5 ou 6 mois à la suite des fortes pluies. Végétation abondante et excellente pour les chameaux. Gazelles nombreuses, lièvres, traces d'autruches qui viennent ici du Sud en grand nombre lorsqu'il a plu dans l'Oued-Mia. Première fausse alerte. Chapelle à 1 kil. au nord-ouest du chemin.
16 id.	*Hassi-Nifel.*	12	Eau.	Départ à 6 h. 30 ; arrivée à 9 h. 30. Le puits creusé dans les sables à 6 mèt. de profondeur. Eau bonne, mais peu abondante; sa température, 22°. Route passe par un thalweg à fond de sable assez uni.
17 id.	*Idem.* (Séjour.)	»	»	Creusement d'un nouveau puits de 6 mèt. de profondeur à côté de l'ancien.
18 id.	*Idem.* (Séjour.)	»	»	Provision d'eau pour la route. Hassi-Nifel se trouve à 326 kilomètres d'Ouargla. On peut aller de ce point sur trois directions importantes, savoir : 1° à El-Goléa, qui se trouve à 120 kil. au nord-ouest ; cette distance pourrait être franchie en six étapes (à Mechkarden et à El-Mouilah, 3e et 4e étapes à partir du point de départ, on trouve de l'eau); 2° à Insalah, qui se trouve à environ 350 kil. au sud-ouest ; la route se prolonge dans la direction de l'Oued-Mia ; elle est faite, par les caravanes arabes chargées, en 11 étapes de 31 kil., mais au besoin on peut atteindre l'oasis dans un temps beaucoup plus court ; 3° à Hassi-Insokki et El-Messeguen, qui se trouvent dans la direction sud suivie par la caravane.
	A reporter.....	326		

DATE.	LIEUX D'ÉTAPES.	DISTANCE EN KILOMÈTRES.	EAU OU PAS D'EAU.	RENSEIGNEMENTS DIVERS.
1880	Report.....	326		
19 déc.	*Messedi.*	30	Pas d'eau.	Départ à 6 h. 30 dans la direction sud; arrivée à 1 h. 30. Bon pâturage composé de hade surtout. On quitte la vallée du Mia. La route est un peu envahie par une forte dune.
20 id.	*Kaf-el-Ouar.*	30	Pas d'eau.	Départ à 6 h. 45; arrivée à 2 h. Végétation abondante, itel formant presque des bois par place. Bon pâturage. On trouve de nombreuses traces de chameaux que l'on prend pour des bandes arabes conduisant les chameaux volés dans la direction de El-Goléa. Bonne route. Rochers élevés et abrupts à l'ouest; grandes dunes à l'est.
21 id.	*Tioughi.*	32	Pas d'eau.	Départ à 6 h. 45; arrivée à 2 h. Petites dunes à droite et à gauche de la route; à 25 kil. du point de départ se trouve une touffe de palmiers. — Thermomètre à 4 h. du soir : 16°.
22 id.	*Denighet-el-Merekh.*	28	Pas d'eau.	Départ à 6 h. 45; arrivée à 1 h. 30. Le fond de l'oued est parsemé de roches irrégulières et de cailloux roulés. L'eau y séjourne longtemps à la suite des pluies. Rencontre de cinq Arabes qui donnent de bonnes nouvelles d'Insalah. — Thermomètre à 7 h. du matin : 0°.
23 id.	*El-Marmona.*	32	Pas d'eau.	Départ à 6 h. 45; arrivée à 2 h. On perd de vue les dunes. — Thermomètre à 10 h. du matin : 11° au-dessus.
24 id.	*Dir-ech-Naame.*	28	Pas d'eau.	Départ à 6 h. 30; arrivée à 1 h. 30. Quelques pâturages. — Thermomètre à 1 h. du soir : 17°.
25 id.	*Hassi-Insokki.*	15	Eau.	Départ à 6 h. 45; arrivée à 10 h. 30. Pays plat et toujours très dénudé, sauf quelques ravins où apparaît un peu de végétation. L'oued Insokki a des berges hautes et abruptes, fond de gravier et de pierres. Au point d'arrivée se trouve un puits à parois bien garnies de pierres; profondeur, 2m,50. Eau abondante et très bonne; sa température est de 20°. Aux environs du puits, une excavation où l'eau de pluie séjourne généralement tout l'été. — Thermomètre à 4 h. du soir : 17°.
26 id.	*Idem.* (Séjour.)	»	»	Repos. — Thermomètre à 7 h. du soir : 10°.
	A reporter.....	521		

DATE.	LIEUX D'ÉTAPES.	DISTANCE EN KILOMÈTRES.	EAU OU PAS D'EAU.	RENSEIGNEMENTS DIVERS.
1880	Report.....	621		
27 déc.	*Hassi-Insokki.* (Séjour.)	»	Eau.	Départ du cheick Boudjema à Insalah avec lettre adressée à Ahitaghen, cheick du Hoggar, annonçant l'arrivée de la mission. — Thermomètre à 7 h. du matin : 2° au-dessus. — Insalah se trouve à 230 kil. du Hassi-Insokki. On peut s'y rendre en sept étapes de 33 kil. en passant par Farès, Oum-el-Lil, El-Khoneig, Bou-el-Hamra, Medjira-Skifa et Fogaret-Zoua. Les Arabes, montés sur les chameaux de course (méharis), traversent facilement cet espace en deux jours. Le terrain de parcours est mouvementé, mais assez facile; c'est un hamada.
28 id.	*Djebel-ech-Cheich.*	20	Pas d'eau.	Départ à 6 h. 30; arrivée à 4 h. Direction sud-est. Pays accidenté : au sud, plateau de Tademagt; au nord, grande dune, située à 70 kil. de la route qui est assez fréquentée par les bandes nomades passant d'Insalah à Messeguen. La pente nord-est du plateau de Tademagt est un réseau de ravins formant 21 ouedes se réunissant deux à deux ou trois à trois. — Thermomètre à 10 h. du matin : 15°.
29 id.	*Tillemes-Cedra.*	25	Eau.	Départ à 6 h. 30; arrivée à 4 h. 30. Deux puits, dont l'un profond de 3m,50 a un peu d'eau. Végétation : sedra, ksaf, chiech, damran, etc. Nombreuses gazelles. — Thermomètre à 4 h. du soir : 23°.
30 id.	*El-Meketala ou Zeribet-Ifoghas.*	25	Pas d'eau.	Départ à 6 h. 30; arrivée à 4 h. Route accidentée. Trace d'un vieux campement. — Thermomètre à 4 h. du soir : 19°.
31 id.	*Aou-lo-Aggui.*	15	Eau.	Départ à 7 h.; arrivée à 11 h. A 3 kil. du point de départ, un puits sec. Bord sud de Tademagt. Plusieurs puits au point d'arrivée, dont deux ont un peu d'eau; leur profondeur est de 4 mèt. Trace d'un campement de l'année dernière. — Thermomètre à 7 h. du matin : 3°.
1881 1er janv.	*Hassi-el-Messeguen.*	20	Eau.	Départ à 7 h.; arrivée à 12 h. Puits à demi comblé à 11 mèt. de profondeur. Bon pâturage, sebkha ne contenant pas de sel. La proximité d'Insalah fait craindre une embuscade. Ici passe le chemin de caravane d'Insalah à Ghadamès. Quelques tombeaux de Touaregs. — Thermomètre à 10 h. du matin : 15°.
	A reporter....	626		

DATE.	LIEUX D'ÉTAPES.	DISTANCE EN KILOMÈTRES.	EAU OU PAS D'EAU.	RENSEIGNEMENTS DIVERS.
1881	Report.....	626		
2 janv.	*Hassi-el-Messeguen.* (Séjour.)	»	Eau.	Nettoyage du puits qui donne l'eau un peu saumâtre au goût mais en quantité assez considérable ; sa température est de 18°. Rencontre d'une caravane marchande composée de 40 hommes et de 30 chameaux qui passe de Gadamès à Insalah et s'installe à proximité de la mission pour vendre quelques objets. — Thermomètre à 4 h. du soir : 49°.
3 id.	*Idem.* (Séjour.)	»	»	Travail au puits. — Thermomètre à 4 h. du soir : 24°. — Un soldat s'est cassé le bras en descendant dans le puits. L'opération d'abreuver les chameaux est longue, l'eau n'arrivant pas en quantité suffisante.
4 id.	*Idem.* (Séjour.)	»	»	On achève d'abreuver les chameaux. Quelques hommes de Zoua d'Insalah viennent vendre des moutons. On leur loue 20 chameaux. Depuis le départ d'Ouargla, la caravane a perdu 35 chameaux. Cependant, cette perte ne provient pas de la fatigue, mais d'une piqûre de taon. — Thermomètre à 7 h. du soir : 47°.
5 id.	*Idem.* (Séjour.)	»	»	Provision d'eau. Second abreuvoir des chameaux. — Thermomètre à 10 h. du soir : 40°.
6 id.	*Idem.* (Séjour.)	»	»	Préparatif pour le départ. Le puits Messeguen se trouve à 24 jours de marche et à 626 kil. d'Ouargla. Ici commence le territoire des Touaregs-Hoggars. Le puits est au milieu d'une plaine de petit gravier siliceux ayant 45 kil. de largeur. Le plateau de Tademagt se termine devant la plaine par des escarpements de 40 à 50 mèt. — Thermomètre à 7 h. du matin : 7°.
7 id.	*Ouled-Adja.*	33	Pas d'eau.	Départ à 7 h. 30 ; arrivée à 3 h. 30. Végétation abondante pour les chameaux. — Thermomètre à 10 h. : 45°.
8 id.	*Ouled-el-Hadji.*	30	Pas d'eau.	Départ à 7 h.; arrivée à 3 h. 30. A 3 kil. du point de départ, puits naturel qui garde l'eau après la pluie. En ce point, les berges de l'oued ont 70 à 80 mèt. de hauteur. Passage difficile ; végétation au point d'arrivée abondante. — Thermomètre à 4 h. du soir : 46°. — Bon état sanitaire depuis le commencement de l'expédition.
	A reporter.....	689		

DATE.	LIEUX D'ÉTAPES.	DISTANCE EN KILOMÈTRES.	EAU OU PAS D'EAU.	RENSEIGNEMENTS DIVERS.
1881	Report.....	689		
9 janv.	*Hassi-el-Hadjadji.*	20	Eau.	Départ à 7 h.; arrivée à 12 h. 1/2. Puits profond de 2m,50 très étroit. Eau peu abondante, mais meilleure que celle de Messeguen. Végétation très abondante; malgré cela, les campements y viennent peu par crainte des coupeurs de route touaregs ou arabes, qui ont assassiné 15 pèlerins vers 1820. Il pleut au moins une fois par an dans cette région. Rencontre d'un Arabe d'ancienne connaissance venant d'Insalah avec deux nègres achetés dans cette oasis. Température d'eau de puits, 18° 5'. — Thermomètre à 4 h. du soir : 19°.
10 id.	*Idem.* (Séjour.)	»	»	Le puits étant très étroit, on abreuve à peine 12 chameaux en 1 h. On envoie un guide au devant de celui qui est parti de Hassi-Insokki vers Insalah. — Thermomètre à 4 h. du matin : 2° au-dessus.
11 id.	*Oglat-Amiam.*	21	Pas d'eau.	Départ à 7 h. 15; arrivée à 1 h. Direction sud. Trois puits de 2 mèt. à demi-comblés. — Thermomètre à 7 h. du soir : 17°.
12 id.	*Tillemes-el-Mera.*	20	Eau.	Départ à 6 h. 45; arrivée à 12 h. Végétation. Deux puits de 2 mèt. de profondeur à demi-comblés. En déblayant l'un, on trouve un peu d'eau. — Thermomètre à 4 h. du matin : 9°.
13 id.	*Garet-el-Haraoui.*	26	Pas d'eau.	Départ à 7 h. 15; arrivée à 2 h. Plaine de gravier complètement plate. Végétation assez abondante au point d'arrivée. — Thermomètre à 10 h. du soir : 14°.
14 id.	*Daiet-el-Belina.*	28	Pas d'eau.	Départ à 6 h. 30; arrivée à 2 h. A 12 kil. du point de départ, on aperçoit la montagne Dial-el-Iraouen. Végétation abondante; il a plu depuis peu de temps. Beaucoup de gibier. Les chasseurs ont tué deux mouflons et en ont vu beaucoup d'autres; vu des antilopes, gazelles, des traces d'autruches; lièvres nombreux. — Thermomètre à 4 h. du matin : 10°.
15 id.	*Tillemes-Iraoum.*	30	Eau.	Départ à 6 h. 45; arrivée à 2 h. Végétation abondante. Nombreux gommiers qui forment par places comme de véritables bois. Beaucoup de gibier. Terrain plat et facile. A proximité de cette étape, se trouve le défilé Khangat-el-Hdid ayant 2 kil. de longueur, 100 mèt. de largeur, dont l'escarpement a 200 mèt. de hauteur. Deux routes venant d'Insalah se réunissent
	A reporter.....	837		

DATE.	LIEUX D'ÉTAPES.	DISTANCE EN KILOMÈTRES.	EAU OU PAS D'EAU.	RENSEIGNEMENTS DIVERS.
1881	Report.....	837		
15 janv.	*Tillemes-Iraoum.* (suite.)	»	Eau.	dans ce défilé. Il s'y trouve toujours de l'eau; on y trouve également de beaux roseaux et des joncs de plus de 3 mèt. de hauteur. Le pays environnant nourrit une grande quantité d'onagres. Il existe aux environs de Khangat-el-Hdid des mines d'alun. — Thermomètre à 4 h. du matin : 10°.
16 id.	*Djema et Merghem.*	32	Eau.	Départ à 6 h. 30; arrivée à 2 h. 30. Terrain plat; pente peu sensible, mais les pierres parsemées dans le fonds rendent la marche difficile. Rencontre de la première sabba (cascades); c'est un cirque de rochers où l'on arrive par un chemin difficile. Eau de pluie excellente et très fraîche. — Thermomètre à 7 h. du matin : 12°.
17 id.	*Ras-el-Arey.*	26	Pas d'eau.	Départ à 6 h. 30; arrivée à 1 h. Pâturages et gommiers. — Thermomètre à 10 h. du matin : 20°.
18 id.	*Amguid.*	26	Eau.	Départ à 6 h. 30; arrivée à 1 h. Au début de la route, escarpement de 300 mèt. de hauteur à gauche; grandes dunes à droite. Amguid, très bon point défensif à 921 kil. et à 33 jours de marche d'Ouargla. Eau vive dans un ravin à parois à pic, qui forme tranchée dans le plateau. La tête de ce ravin est environ à 6 kil. à l'est. Le ruisseau présente plusieurs élargissements naturels successifs communiquant les uns avec les autres; il y a quelques poissons (barbeaux). Les traces de campement trouvées à Amguid sont vieilles de plusieurs mois. L'eau est de bonne qualité; sa température est de 19°. — Température à 1 h. du soir : 30°.
19 id.	*Idem.* (Séjour.)	»	»	Repos. — Thermomètre à 4 h. du soir : 27°.
20 id.	*Idem.* (Séjour.)	»	»	La caravane séjourne à Amguid avec le capitaine Masson. Le lieutenant-colonel Flatters, accompagné de MM. Béringer, Roche, du maréchal des logis Pobéguin et de cinq hommes, fait une reconnaissance au sud. — Thermomètre à 7 h. du soir : 22°.
21 id.	*Idem.* (Séjour.)	»	»	Suite de la reconnaissance. — Thermomètre à 10 h. du soir : 21°.
	A reporter.....	921		

DATE.	LIEUX D'ÉTAPES.	DISTANCE EN KILOMÈTRES.	EAU OU PAS D'EAU.	RENSEIGNEMENTS DIVERS.
1881	Report.....	921		
22 janv.	*Amguid.* (Séjour.)	»	»	Suite de la reconnaissance. Plaine de gravier à 60 kil. au sud d'Amguid. Retour du cheick Boudjema, courrier envoyé à Insalah le 27 décembre. Ce courrier apporte la lettre d'Aghitaghen, cheick d'Insalah, et amène un guide. Les nouvelles sont bonnes. — Thermomètre à 4 h. du matin : 20°.
23 id.	*Vallée de l'Igharghar.*	15	Pas d'eau.	Départ à 4 h. de la caravane commandée par le capitaine Masson pour rejoindre le colonel séjournant à Ighellachen.—Thermomètre à 7 h. du matin : 8°.
24 id.	*Idem.* (Séjour.)	30	Pas d'eau.	Arrivée de la caravane à 4 heure.
25 id.	*Idem.* (Séjour.)	»	»	Arrivée d'un chef touareg, le vieux Chikat-ben-Hanfou, accompagné de quelques hommes. Achat de six chameaux aux indigènes.
26 id.	*Ayzel.*	30	Pas d'eau.	Départ à 6 h. 45 ; arrivée à 2 h. Végétation. Eau dans un ravin ; généralement la localité est sans eau.
27 id.	*Akadjeri.*	32	»	Départ à 6 h. 30 ; arrivée à 2 h. Hautes roches bordant le plateau de l'Eguéré à droite de la route.
28 id.	*Mereggla.*	32	Pas d'eau.	Départ à 6 h. 45 ; arrivée à 2 h. Végétation abondante. On trouverait de l'eau dans le tilmas en creusant un peu au pied de la berge (rive droite de l'oued), mais la provision d'eau étant suffisante, on n'en profite pas.
29 id.	*Inz-el-Man-Teckken.*	8	Eau.	Départ à 6 h. 45 ; arrivée à 8 h. Toute la vallée de l'Igharghar parcourue depuis Amguid présente une plaine de gravier ayant 50 kil. de largeur. Plus loin, la route traverse le plateau de l'Eguéré, région formée par une série de montagnes ayant jusqu'à 500 mèt. de hauteur. Inz-el-Man signifie eau sous le sable. Il suffit de déblayer le sable à 30 cent. pour trouver l'eau en abondance. Cette eau est [illegible]ane, mais elle dépose des efflorescences [illegible]ines. Végétation assez maigre : diss et tamarix. La température d'eau est de 20°. Dernier envoi du courrier en France. Inz-el-Man se trouve à 1068 kil. d'Ouargla.
	A reporter.....	1068		

CROQUIS N° 2
ITINÉRAIRE PROBABLE DU LT-COLONEL FLATTERS
DEPUIS INZ-EL-MAN JUSQU'AU BIR KHARAMA

dessiné d'après les renseignements indigènes recueillis par BARTH et DUVEYRIER

Echelle de 1 : 6.000.000

Gravé par L. Sonnet — Lith. L. BAUDOIN et Cie Édit. — Paris . Imp. Dufrénoy.

Ce croquis est la reproduction de la carte Duveyrier, le meilleur document que nous possédons sur le centre du Sahara. Le lac salé d'Amadghor a été placé un peu plus bas, c'est-à-dire au-dessous du 25e degré, conformément aux indications fournies par le Colonel Flatters dans la dernière lettre écrite à Henri Duveyrier. Dans cette même lettre le colonel constate l'exactitude de tous les points signalés sur la carte, mais leur position géographique doit être légèrement modifiée.

DATE.	LIEUX D'ÉTAPES.	DISTANCE EN KILOMÈTRES.	EAU ou PAS D'EAU.	RENSEIGNEMENTS DIVERS.
1881	Report.....	1068		
30 janv.	*Daïa innommée* (1).	»	Eau.	On constate de nombreuses traces d'animaux se dirigeant vers l'eau dans la montagne, ce qui indique que des campements de Hoggars sont dans les environs; mais ils se dissimulent et semblent chercher à faire le vide devant les explorateurs. On aperçoit quatre cavaliers montés sur des méharis passer au loin.
31 id.	*Oued innommé.*	»	Pas d'eau.	On constate de nombreuses marques de troupeaux qui ne se montrent pas.
1er févr.	*Daïa innommée.*	»	Pas d'eau.	»
2 id.	*En avant de la sebkha d'Amadghor.*	»	Pas d'eau.	Route pénible. Terrain dépourvu de végétation. Privations.
3 id.	*Sebkha d'Amadghor.*	»	Pas d'eau.	On commence à subir la disette d'eau. Visite de la sebkha d'Amadghor. C'est une dépression circulaire ayant 4 kil. de diamètre. Elle est entourée d'un bourrelet de 5 mèt. et adossée vers l'ouest à des montagnes. La couche de sel brisée a donné du sel blanc et très pur. Le chemin de caravane passant à côté de la sebkha est abandonné aujourd'hui.
4 id.	*Oued innommé, plaine d'Amadghor.*	»	Pas d'eau.	»
5 id.	*Plaine d'Amadghor.*	»	Pas d'eau.	Bon état sanitaire.
6 id.	*Extrémité de la plaine d'Amadghor.*	»	Eau.	»
7 id.	*Idem.* (Séjour.)	»	Eau.	Deux guides hoggars avec un mendiant arrivent au camp; le mendiant part le 11.
8 id.	*Idem.* (Séjour.)	»	Eau.	»
9 id.	*Oued innommé.*	»	Pas d'eau	Bon état sanitaire du personnel.
10 id.	*Titen-Afera.*	»	Eau.	Arrivée d'un guide touareg, nommé El-Alem, promis par Ahitaghen d'Insalah. Il demande 2,500 francs pour conduire la mission au Soudan; le colonel lui donne 1,000 francs. (Le 16, jour du massacre, ce guide s'est sauvé du côté de l'ennemi en emmenant le cheval du colonel.)
11 id.	*Idem.* (Séjour.)	»	»	Une députation des Hoggars se présente au camp: 30 hommes armés sous le commandement de Tissi, sorte d'hercule du Désert. Réception et promenade au camp.

(1) Voir le croquis n° 2.

DATE.	LIEUX D'ÉTAPES.	DISTANCE EN KILOMÈTRES.	EAU OU PAS D'EAU.	RENSEIGNEMENTS DIVERS.
1881 12 fév.	*Titen-Afera.* (Séjour)	»	Eau	Le 12, la députation quitte le camp à la suite d'une dispute qui eut lieu entre Tissi et Mohammed, noble chef d'une tribu. Celui-ci prétendait que Tissi avait reçu du colonel des cadeaux plus beaux que les siens.
13 id.	*Oued innommé,*	»	»	Signe de trahison dans le camp. Conspiration : un guide, nommé Sir-Ben-Cheik, conseille aux chameliers de quitter la mission. Montagnes élevées des deux côtés de la route. Endroit sauvage, route mauvaise ; pluie dans la nuit.
14 id.	*Gared-el-Serdj.*	»	Pas d'eau.	»
15 id.	*Oued-Tin-Tarabkin.*	»	Pas d'eau.	Caravane suivie de loin par l'ennemi qui ne se montre pas. Dans la nuit, deux Touaregs campent avec la colonne et repartent le lendemain. Ils emportent probablement le dernier mot d'ordre aux quatre guides pour l'attaque.
16 id.	*Bir-Kharama,*	»	Eau.	Embuscade. Mort du colonel Flatters, du capitaine Masson, de MM. Béringer, Roche, Guiard et Dennery, à 1500 kil. environ d'Ouargla et 53 jours de marche. Retraite sous le commandement du lieutenant de Dianous.
	Total général, environ.	1500		

Le tableau qui précède permet de constater que rien d'important ne se passe pendant la marche jusqu'au 11 février, jour de l'arrivée d'une députation hoggare. Cette députation, composée de 30 hommes armés, sous le commandement de Tissi-Ould-Schikkat, souhaite à la mission la bienvenue dans son pays et l'assure de ses intentions amicales. En réalité, ce n'est qu'une reconnaissance ayant pour but de tâter la force de la colonne.

Tissi affecte une grande liberté d'allures vis-à-vis de tous. On lui permet de se promener dans le camp; il prend le colonel Flatters par le bras, lui frappe sur les épaules pour marquer son caractère amical et sa bonhommie. On lui montre le mécanisme du fusil Gras. On lui offre un bon repas, ainsi qu'à son escorte, et on les renvoie avec des présents.

La caravane continue sa marche dans le Désert encore trois

jours après l'arrivée de la députation hoggare; mais, d'après la description du terrain, on voit qu'elle est détournée de la direction par les guides, lesquels sont en connivence avec les Touaregs. Elle est suivie et observée de loin par l'ennemi, qui ne se montre pas.

Le 16 février, les guides amènent la caravane sur une fausse route. Ils reconnaissent leur erreur et disent qu'ils ne savent plus où il faut marcher. Après un instant d'hésitation simulée, l'un d'eux semble se souvenir qu'il existe un puits à proximité, mais en arrière; il propose de décharger les bagages et d'y conduire les chameaux. Le colonel accepte la proposition. Il y va le premier avec tout son état-major et se fait suivre par tous les chameaux que l'on conduit par petits détachements à quelques centaines de mètres les uns des autres. Mais l'eau que l'on croit à proximité ne se trouve réellement qu'à 18 kilomètres du camp, dans un endroit accidenté, favorable à une attaque à l'improviste. En y arrivant après une marche très pénible, on trouve le puits comblé de résidus de toutes sortes et l'eau corrompue. Le colonel ordonne son nettoyage, et pendant que quelques chameliers exécutent son ordre, une bande de Touaregs s'approche à l'improviste et massacre tous les chefs de la mission, sauf le lieutenant de Dianous et le maréchal des logis Pobéguin, restés à la garde des bagages avec la majeure partie de l'escorte.

Les chameaux sont également enlevés après un combat acharné avec les conducteurs indigènes. Ces derniers sont tués ou dispersés, aussi bien par les Touaregs que par leurs animaux altérés qui se sont échappés de leurs mains et se sont sauvés du côté du puits, c'est-à-dire vers l'ennemi.

Le soir, à la suite du massacre, le lieutenant de Dianous, après avoir rallié le restant de la mission, abandonne le camp et ordonne la retraite.

Il fait 500 kilomètres avec les plus grandes difficultés, harcelé continuellement par la cavalerie touareg, qui tente de s'emparer des débris de la mission en empoisonnant leurs vivres, et comme ce procédé ne réussit pas, elle leur livre un dernier combat au puits d'Amguid. C'est là que sont tués le lieutenant de Dianous, Marjolet, Brame et plusieurs soldats indigènes du 1er et du 3e tirailleurs algériens.

Alors la mission, conduite encore pendant quelques étapes par Pobéguin, se débande presque complètement et se détruit elle-même, en tuant, après les quatre chameaux que l'on a pris dans le Désert, les plus faibles des hommes et en les mangeant pour satisfaire le féroce appétit des affamés.

Quelques survivants seulement, ramassés par une caravane nomade trouvée à El-Messeguen, parviennent à gagner Ouargla.

Telle fut la fin tragique de cette malheureuse expédition au centre de l'Afrique.

Fautes commises.

Le lieutenant-colonel Flatters a rendu un grand service à la patrie. Il a pénétré pour la première fois dans l'intérieur du plateau Ahagar; il a abordé le danger incontestable et a fourni des renseignements utiles. Aussi nous n'avons qu'à rendre hommage à son courage personnel, à sa persévérance dans l'accomplissement d'une idée humanitaire, ainsi qu'aux grandes peines qu'il a su provoquer et subir jusqu'à la mort, dans l'intérêt de la civilisation.

Cependant, en examinant attentivement la conduite de la mission de 1880-1881, il est impossible d'affirmer que toutes les mesures de prudence ont été observées, et que la fin tragique du personnel que le gouvernement a confié au colonel, ne pèse pas un peu sur sa propre responsabilité.

On a commis beaucoup de fautes. Nous allons signaler celles qui sont les plus saillantes, pour éviter la reproduction de ces fautes dans une entreprise pareille.

Voici nos observations :

1° Malgré la lettre précise de M. de Freycinet, la mission n'a pas eu de but bien arrêté. Le colonel Flatters est parti sans savoir lui-même ce qui lui restait à faire. Nous voyons son hésitation dans sa propre lettre écrite à M. Duveyrier, à la date du 29 janvier 1881, où l'on remarque surtout cette phrase : « Je compte, sauf accident, atteindre Assiou dans vingt-cinq jours. Au delà, nous agirons suivant les circonstances pour continuer sur Haussa, et il peut se faire que nous allions d'Assiou à Agades, etc., etc. *Nous allons donc à l'aventure. Adieu, va! Advienne que pourra.* »

Cette dernière expression démontre la faiblesse de caractère, le découragement et en même temps le manque de pénétration dans l'accomplissement de la tâche entreprise. L'Amérique serait toujours restée inconnue au monde si Christophe Colomb avait été guidé par les mêmes sentiments. Le lieutenant-colonel Flatters n'allait pas à l'aventure; il avait pour but de passer par le Sahara et d'atteindre la route suivie par Barth trente ans avant lui. Ayant reçu l'appui et l'argent du gouvernement, il se trouvait dans des conditions bien plus avantageuses que beaucoup d'autres explorateurs qui pénètrent dans les pays inconnus individuellement et à leurs frais.

Il nous semble que le péril aurait pu être évité si l'on avait remplacé le chef de la mission à la suite de ses hésitations et de son retour de la première exploration.

2° La caravane n'a établi aucune base d'opérations avant son départ. On s'est lancé un peu au hasard dans le Désert, sans rien prévoir de ce qui pourrait arriver en cas d'échec.

3° On n'a pris aucun moyen de secours ni de communication, de sorte qu'après la mort du colonel, tous ceux qui ont échappé au massacre étaient condamnés à mourir de faim, de soif et d'épuisement, mort la plus terrible qui puisse exister.

4° Les étapes se faisaient en désordre, sinon en débandade. La revue *L'Exploration* les peint de la manière suivante :

« Les ingénieurs, accompagnés des guides, vont pendant la « marche sur les points qui peuvent présenter de l'intérêt, sans « s'astreindre à suivre la caravane, qu'ils rejoignent au campe- « ment.

« Quant au chef de la mission, *il marche en tête de la cara- « vane* avec des guides (souvent il s'éloigne à une très grande « distance au risque de se faire assassiner et de compromettre « toute la colonne qu'il conduit sur un terrain parcouru par la « population hostile), se fait indiquer le pays, prend les rensei- « gnements et *choisit lui-même le lieu du campement.*

« M. Santin, ingénieur civil adjoint, *marche un peu en arrière*
« de la caravane et fait un levé des plans en cheminant. »

Aux pâturages, les animaux ne sont jamais gardés et on les vole très souvent.

Dans la nuit, on ne place des sentinelles qu'au moment où l'on prévoit le danger. Cependant, on sait bien que les Touaregs attaquent généralement dans la nuit et que, dans ce cas, la lutte avec eux est toujours redoutable.

5° Le commandement semble être un peu faible, et les liens de discipline dans la colonne desserrés.

6° Les guides ou les indigènes faisant partie du détachement sont mal surveillés. Ainsi, dans l'après-midi du 13 février, trois jours avant le massacre, un nommé Sir-ben-Cheik guide chambas, conseille à tous les chameliers chambas de quitter la mission.

Cet acte de trahison visible reste impuni, malgré l'avertissement de deux autres indigènes qui se rendent exprès sous la tente du colonel pour lui rapporter les faits.

Le chef de la mission ne prévoit aucun danger ; il avait trop de confiance dans ses guides, qui le trompaient à chaque instant. Non seulement il tolère à proximité de la colonne des mendiants ou des indigènes inconnus, qui se présentent presque tous les jours à partir du départ d'Amguid et qui ne sont que des espions ennemis, mais il laisse pénétrer un détachement de 30 hommes armés dans l'intérieur du camp, les fait renseigner sur les détails qu'ils ne doivent pas connaître et se laisse traiter d'une manière inconvenante, ce qui affaiblit son prestige aux yeux des indigènes eux-mêmes.

7° Enfin, dans la malheureuse journée du 16 février, le colonel ne tient aucun compte des observations du cheick Ben-Boudjema qui semble prévoir la trahison.

Il commet une très gande imprudence en écoutant les conseils des guides, dont l'attitude était des plus équivoques, en faisant décharger les bagages et en se rendant isolément avec son état-major au puits que l'on trouva à 18 kilomètres du camp.

Des erreurs aussi nombreuses rendaient l'exécution du projet absolument impossible. Aussi nous sommes persuadé que l'insuccès de la mission de 1880-1881, qui a affecté si péniblement l'opinion publique en France, doit être attribué plutôt à la négligence des personnes qui ont dirigé cette expédition qu'à la véritable puissance des Touaregs.

Les Touaregs ne sont pas en nombre suffisant pour nous opposer une résistance sérieuse. Les riches cadeaux que le colonel leur offrait sans nécessité ont excité leur convoitise naturelle. Ils ont été guidés plutôt par l'appât du pillage que par la haine héréditaire des chrétiens, qu'ils ne connaissent pas. Ils ne se sont décidés à l'attaque qu'après avoir reconnu la faiblesse de la colonne et vu les nombreuses caisses qu'elle portait et qu'ils croyaient être « remplies d'or ».

Choix de l'itinéraire.

Après le massacre de la mission Flatters, plusieurs journaux ont présenté l'idée de marcher sur le Soudan, en occupant Insalah. En effet, il est hors de doute qu'une grande partie du butin provenant du pillage de notre camp fut apporté dans cette ville; que des armes, des instruments scientifiques, ainsi que les papiers de la mission s'y trouvent encore actuellement. Ceci prouve qu'Insalah a joué un rôle important et coupable dans l'assassinat commis sur le personnel de notre mission. En outre, cette oasis se trouvant sur la ligne droite entre Ouargla et Tombouctou, elle est indiquée naturellement comme un des points de la future voie ferrée transsaharienne.

Cependant, Ahitagen, le cheick d'Insalah, n'a jamais manifesté ouvertement son hostilité envers la France. Au contraire, dans sa lettre reçue le 22 janvier 1881, par l'intermédiaire du cheick Ben-Boudjema, le chef des Hoggars déclare au colonel Flatters « qu'il sera sous sa sauvegarde tant qu'il marchera sur son territoire; mais qu'au delà, il devra se garder comme il l'entendra. *Le chemin du Soudan t'est ouvert,* lui dit-il, *et je t'envoie des guides pour te conduire.* »

Il a réellement tenu sa parole; il a envoyé des guides, et la caravane a été respectée pendant tout le parcours du territoire hoggar.

L'embuscade du 16 février a été préparée évidemment après

une entente commune, mais sur le domaine des Touaregs-Azdjers et non pas sur celui des Hoggars.

Donc, la responsabilité du cheick d'Insalah est complètement couverte par sa politique rusée, mais intelligente, et il n'y a pas de raison suffisante pour lui déclarer la guerre.

Si l'on envoie brutalement une colonne à Insalah, les Français pourraient être considérés comme ouvrant l'hostilité dans le but de conquête. Les marabouts, les fanatiques dissidents et les insurgés insoumis du Sud oranais et de la Tunisie pourraient profiter de l'occasion pour rallier aux Touaregs-Hoggars toutes les tribus hostiles et les engager à une résistance commune dans l'intérêt de leur propre indépendance.

Alors, une guerre contre nous pourrait s'ensuivre dans l'intérieur du Sahara, guerre peu redoutable, mais longue et pénible. Les Hoggars seraient certainement soutenus par l'empire du Maroc, dont ils sont tributaires, et par tous les États limitrophes indigènes dont les populations ont la même origine et professent la religion musulmane. Cette lutte aurait du retentissement au Soudan et elle produirait un effet défavorable à l'égard de la France.

En outre, la route sur Insalah n'est pas facile. C'est une plaine de sable et de gravier, n'ayant ni eau ni végétation. Cette dernière raison a obligé déjà le colonel Flatters de se jeter plus à l'est, au risque d'allonger sa marche à partir de Hassi-Insokki. Une colonne dirigée sur Insalah doit donc être pourvue d'un convoi considérable de chameaux portant des provisions. Elle trouverait un pays complètement inconnu sur lequel l'intrépide cavalerie hoggare pourrait l'attaquer à l'improviste, disperser les chameaux et compromettre singulièrement tout le corps expéditionnaire.

D'ailleurs, toute hostilité avec les Touaregs est complètement inutile. Il vaut mieux observer la paix comme elle a été observée en 1880 et utiliser tous les renseignements que nous possédons sur une bande de terrain de 1500 kilomètres déjà explorée.

Le colonel Flatters avait pour mission d'atteindre le puits d'Assiou. Il a fait les trois quarts du chemin; il lui restait quinze ours encore pour atteindre son objectif. Il n'y a qu'à marcher sur ses traces et terminer ce qu'il n'a pas fait.

Ce n'est qu'à la suite d'une nouvelle attitude menaçante des Touaregs que nous pourrions leur déclarer la guerre et au besoin occuper leur capitale. Mais cette dernière alternative doit être évitée autant que possible. Elle ne pourrait avoir lieu qu'à la suite d'une provocation de la part des indigènes, dont les actes irréguliers doivent être portés tout d'abord à la connaissance de l'empereur du Maroc, leur souverain direct, ami de la France.

Si, plus tard, on jugeait utile de faire construire, coûte que coûte, une voie ferrée d'Ouargla à Tombouctou et de la faire passer par Insalah, on pourrait entrer en relations amicales avec les Touaregs; on leur ferait connaître les bénéfices matériels de cette innovation et on les emploierait, au besoin, comme gardiens naturels, gardiens nomades de toute la ligne.

Alors, les tribus des Touaregs-Hoggars pourraient devenir une milice indigène à la solde de la France et organisée militairement comme les goums de l'Algérie.

En conséquence, *nous proposons aujourd'hui d'observer une attitude pacifique, mais pleine d'énergie vis-à-vis des Touaregs, et, comme choix de l'itinéraire pour une mission d'exploration, la route suivie en* 1880-1881 *par le lieutenant-colonel Flatters.*

Observations de M. Duponchel.

Quelques mois après le massacre du 16 février 1881, M. Duponchel, ingénieur à Montpellier, un des partisans les plus ardents de la voie ferrée transsaharienne, écrivit une lettre pleine d'intérêt au rédacteur de la revue *L'Exploration*, dans laquelle il cherche à démontrer que le passage par le plateau Abagar n'a pas eu raison d'être.

Il veut que la voie ferrée soit construite en ligne droite, c'est-à-dire qu'elle commence à Ouargla et qu'elle finisse au coude du Niger, en passant, sans doute, par Insalah. Nous citons surtout le passage suivant de cette lettre :

« C'est dans cette direction rectiligne (de l'Algérie à Tombouctou), sur laquelle s'échelonnent, de distance en distance, les groupes relativement importants des populations pacifiques et sédentaires, que notre route était indiquée pour atteindre directement par la voie la plus courte le coude du Niger, qui, comme point stratégique, est pour le Soudan ce que le coude d'Orléans sur la Loire est pour notre pays. Comment, au lieu de se rattacher à ce tracé d'ensemble, où nulle difficulté n'était à prévoir, où nous avions à compter sur des ressources relativement considérables, en eau, en productions végétales, en population commerçante, a-t-on été amené à proposer une autre direction qui, s'enfonçant dans les montagnes des Hoggars, à travers d'affreuses solitudes habitées par de rares populations belliqueuses et rapaces, franchit obliquement le Sahara sur une distance presque double pour atteindre le Soudan, non plus en son centre géographique, mais à son extrémité orientale? C'est ce qu'il serait difficile de comprendre, sans entrer dans le détail des idées confuses qui ont été discutées, les points de vue divers auxquels, suivant sa spécialité, chacun des membres a examiné la question.

« Ce sont les considérations purement géographiques qui l'ont emporté. »

Nous serions heureux d'accepter l'avis de M. Duponchel, s'il n'y avait pas d'autres motifs très sérieux à prendre en considération.

Réponse aux observations de M. Duponchel.

Dans la construction du chemin de fer transsaharien, il convient de tenir compte de trois obstacles qui rendent l'exploitation des produits de ces contrées très difficile. Ces obstacles sont :

1° Hostilité et rapacité de la population indigène ;
2° Les sables mouvants du Désert ;
3° L'immensité de l'espace.

Le premier obstacle n'est pas bien important, car les Touaregs et les tribus du Désert isolées, divisées et trop éloignées les unes des autres, sont à la fois trop faibles pour nous opposer une résistance sérieuse. Les dispositions prises pour détruire la petite caravane Flatters prouvent précisément leur infériorité et leur impuissance. Ce sont généralement des bandes de coupeurs de route, de voleurs de grands chemins ne reconnaissant aucune autorité, rançonnant et pillant les faibles marchands indigènes qui traversent le Désert. Leurs exploits disparaîtraient d'eux-mêmes devant la civilisation[1].

Au moment opportun nous avons l'intention de proposer l'organisation d'un corps militaire chargé de la surveillance de la voie ferrée, et nous sommes persuadé à l'avance que les attaques des Touaregs seront déjouées. Mais, pour le moment, il ne faut pas compter que cette population « pacifique et sédentaire », comme dit M. Duponchel, soit en mesure de comprendre l'importance de la voie ferrée et favorise notre œuvre. Non ! Il faut prévoir une hostilité certaine et, pour l'éviter, il faut passer la voie par le terrain le moins habité possible du Désert, de manière à ne pas toucher au sentiment de méfiance des indigènes.

Les sables mouvants sont un obstacle naturel beaucoup plus difficile à combattre que les bandes touaregs.

M. Duponchel prétend qu'il existe sur la ligne de son projet un plateau pierreux au milieu du Sahara sur lequel la pose des rails pourrait s'effectuer à très bon marché. Cependant, les renseignements fournis par René Caillé, le rabbin Mardochée et Lenz, trois Européens qui ont pu aller à Tombouctou par le Sahara, nous permettent d'objecter que le plateau dont il s'agit, étant le contrefort probable du massif d'Ahagar, se trouve isolé par deux vastes zones de sable au fur et à mesure que l'on s'éloigne du massif principal vers l'ouest.

---

[1] Il n'est pas sans intérêt de citer à l'appui de notre assertion les noms des principaux coupeurs de routes, Chambas dissidents originaires d'El-Goléa, qui exploitent la route d'Insalah à Ghadamès et ont leur repaire dans la Gourara, particulièrement à Timimoun. Ils sont au nombre de 9 ou 10, savoir :

1. Ahmed ben Miloud et Kaddour ben Lechheb exploitent, soit pour leur propre compte, soit pour le compte des Ouled-Sidi-Cheikh, insurgés ; 2. Mabrouk ben Miloud, son frère ; 3. Bel-Kheïr ben Miloud ; 4. Ould Mahmed ben el-Hadj ; 5. Bel-Kheïr Ould Brahim ; 6. Lakhdar ben Arraba ; 7. Boudjema ben Chebia ; 8. Mahmed ben Amara ; 9. Abd el-Kader ben Hamadi, exploitent pour leur compte.

Nous donnons ce document parce qu'il peint l'esprit des populations du Désert. Les Touaregs et les autres tribus ne sont pas inspirés par des sentiments plus humanitaires. Il est donc nécessaire de se bien pénétrer de la vie de ces populations, de les traiter avec autorité et de leur faire voir, avant tout, non pas les « caisses remplies d'or », mais les pièces de canon. D'ailleurs, partout où ils voient la force ils sont très conciliants. L'aventure arrivée au docteur Richardson, pendant son voyage de 1850 de Gathe à Aïr, le prouve suffisamment.

La zone septentrionale, dite Iguidi a, sur l'itinéraire de Lenz, environ 150 kilomètres de largeur; elle s'avance vers l'est et se termine probablement sur l'Oued-Mia.

La deuxième zone méridionale, appelée El-Djouf, qui sépare le plateau central du Niger, a 300 ou 500 kilomètres de largeur. Elle est à peine connue, et il est difficile de préciser l'endroit où elle se termine à l'est. C'est, sans doute, dans la plaine inhabitée des Touaregs-Aouelimmiden, entre le coude du Niger et le Tafasasset, comme l'indique le croquis n° 3.

Ces deux zones, avec leur température moyenne de 45 à 50 degrés, leurs vents insupportables et leurs couches de sable continuellement en mouvement, rendent la construction d'une voie ferrée très difficile. En effet, de quelle manière peut-on ici vaincre la nature? Croire à des voûtes par-dessus la voie ou à des équipes destinées à marcher au premier souffle de siroco pour déblayer le sable est une idée hasardeuse. D'ailleurs, la voûte est inadmissible sur un parcours de 300 kilomètres de longueur. Le meilleur moyen serait d'éviter un terrain pareil en allongeant un peu la ligne.

La commission d'études instituée en 1879 a tenu compte de l'obstacle que présente le sable du Sahara, et c'est pour cela précisément qu'elle a tracé la direction oblique dans le massif d'Ahagar pour détourner les zones précitées. Cette raison est bonne puisqu'il résulte du rapport de M. l'ingénieur Béringer que, partout où la mission Flatters est passée, l'établissement du chemin de fer est possible.

Pour faire face aux inconvénients du troisième obstacle, il faut chercher à réduire autant que possible les frais de construction. A cet effet, la ligne la plus courte est la plus commode; mais le projet de passage de la voie à travers des zones de sable, directement de l'Algérie au coude du Niger, contient d'autres difficultés; il exige des dépenses considérables tant pour l'élévation des *parasables* que pour l'entretien du matériel et du personnel destinés à déblayer les sables sur certains points. Ce projet ne diminue pas les dépenses; il les augmente.

Le chemin de fer transsaharien est une idée neuve, et comme telle fort difficile à appliquer.

Tant que l'opinion publique ne sera pas familiarisée avec elle il ne faut pas demander de grands efforts financiers, car l'argent pourrait être refusé.

D'autre part, les ressources de la Nigritie ne sont pas encore bien connues; nous les présumons seulement.

Les petits États séparés ne nous appartiennent pas et nous ne savons pas si l'on nous permettra de voyager tranquillement en chemin de fer à Tombouctou, où l'on coupe le cou sans pitié à tout infidèle.

En tenant compte de cette situation, nous pensons qu'il vaut mieux modifier un peu le projet de M. Duponchel, et employer aussi bien la voie ferrée que les eaux pour les transports des produits de l'Afrique centrale.

Nos projets.

Nous voyons sur la carte, aux environs des puits d'Assiou, un oued ou une rivière dite Tafasasset, confluent probable du Niger. Cette rivière est absolument inconnue. *Peut-être en faisant quelques travaux de nivellement pourrait-on réunir les sources de cette région et transformer la ligne du Tafasasset en canal devant joindre le cours du Niger, dans le pays de Gouandou. Ce projet aurait pour but :*

1° *D'établir deux grands centres de commerce, l'un à Bamakou, sur le Niger, et l'autre à Assiou, sur le Tafasasset, avec deux têtes de ligne de chemins de fer joignant d'une part la ville de Saint-Louis et de l'autre les côtes de l'Algérie ;*

2° *Sans chercher à porter atteinte à l'indépendance des pays nègres, passer avec ces pays des traités de commerce et de libre navigation sur les eaux de la région ;*

3° *De faire concentrer par les eaux toutes les marchandises du Soudan et de la Nigritie dans les deux centres du commerce et les diriger en France d'une part, par la voie Médine, Saint-Louis, Bordeaux, et de l'autre, par Amguid, Ouargla, Tougourt, Philippeville et Marseille*[1].

---

[1] L'idée d'ensemble du premier projet appartient au général Faidherbe, ancien gouverneur du Sénégal; elle date de 1863. La seconde idée est l'œuvre de l'ingénieur Duponchel, qui l'a rendue applicable depuis la publication, en 1879, de son ouvrage intitulé : *Le Chemin de fer transsaharien.* Nous cherchons à utiliser ces grandes pensées en les modifiant légèrement.

Le Niger est navigable, puisque Mango-Park l'a parcouru sur un large canot contenant plusieurs individus depuis Sansanding jusqu'à Yaourie, qui se trouve environ à 200 kilomètres au sud de Say. René Caillé et le lieutenant de vaisseau Caron ont navigué également sur la partie supérieure de ce fleuve jusqu'à Tombouctou, le premier en 1827 et le second en 1887.

Il s'agit de savoir également si la navigation est possible sur le Tafasasset et sur son confluent Tarabin. M. Henri Duveyrier s'exprime à ce sujet de la manière suivante[1] : « D'après le cheick Othmân, l'oued Tafasasset, dans son cours inférieur, recevrait sur ses deux rives de nombreux affluents venant des montagnes de l'Adghagh et d'Azbin; je n'ai pu savoir de mes informateurs si cette rivière atteignait le Niger. Cela est très probable. »

Le docteur Barth dit que la rivière passant par Sokkotô[2], et visitée au mois d'août, était un filet d'eau de 25 centimètres de largeur. Ce filet d'eau est sans doute l'un des confluents du Tafasasset. En effet, il est impossible d'admettre qu'un grand fleuve comme le Niger qui a 700 mètres de largeur à la hauteur de Tombouctou et plus d'un kilomètre en face de Say, puisse exister sans être alimenté par d'autres cours d'eau importants.

Dans tous les cas, l'oued Tafasasset se transforme en rivière au moment de la saison des pluies tropicales, qui commence vers la fin du mois d'août et qui se termine aux premiers jours du mois de novembre. C'est cette période qu'on pourrait utiliser de préférence pour le transport des marchandises.

Alors, au lieu de construire une seule ligne de voie ferrée entre l'Algérie et le Sénégal, nous voudrions établir une communication mixte par eau au centre de l'Afrique, et par chemins de fer aux deux débouchés. Nous savons que ce projet nous amène à un grand détour vers l'est, mais nous avons la conviction qu'il est plus réalisable que le premier.

N'oublions pas qu'en faisant passer notre ligne commerciale par le cours moyen du Niger, au lieu de la faire passer par son coude, nous diminuons considérablement les dépenses de la construction. En outre, nos compagnies industrielles seraient en mesure d'exploiter non seulement le Sénégal et le Tombouc

---

[1] *Les Touaregs du Nord*, page 150.

[2] Clapperton ortographie le nom de la capitale de l'empire félan « Sackatou ».

CROQUIS N°3
DIFFÉRENTS PROJETS DU CHEMIN DE FER TRANSSAHARIEN

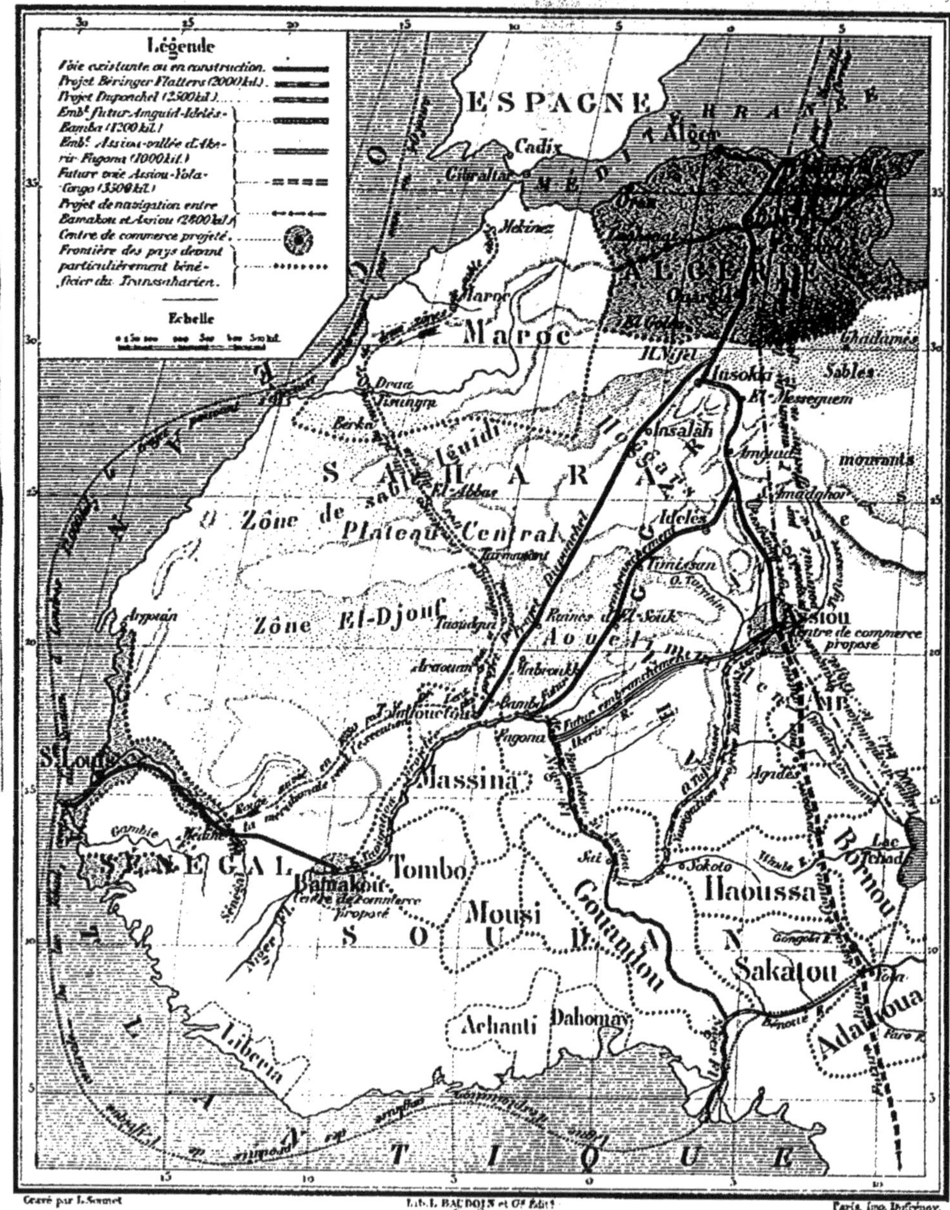

Gravé par L. Sonnet — Lib. L. BAUDOIN et Cie Édit. — Paris, Imp. Dufrénoy.

Croquis dressé par l'auteur d'après l'atlas de l'Ec. mil. de St Cyr, la carte de la Petite Rép. franç. et la carte Béringer de la mission Flatters.

tou, mais aussi les produits de tous les pays nègres tels que Bornou, Sackatou, Adamoua, Haussa et Gouandou, dont les richesses ont été suffisamment démontrées par Barth, Clapperton, Nachtigal, Vogel et autres explorateurs. Ce sont des pays d'esclaves. Plus de 50 millions de nègres seront mis à la disposition de l'industrie française le jour où elle saura établir une communication entre ces pays et Paris, pour utiliser la richesse extraordinaire du sol, produisant aussi bien le froment que le coton, la poudre d'or, la soie, le café, la canne à sucre, l'indigo, le tabac, les palmiers et autres produits exotiques.

Nous pourrions faire une grande concurrence à nos voisins d'Outre-Manche, car notre ligne d'exploitation des produits de l'Afrique centrale serait de moitié plus courte que celle des Anglais. On peut compter 6,000 kilomètres du lac Tchad à Paris, par Philippeville, et 12,000 du même point à Londres en contournant le cap Vert.

Quand nous aurons plus d'autorité sur le parcours du Niger et quand nous connaîtrons davantage le bénéfice du commerce africain, nous pourrons construire un embranchement à la ligne principale passant, soit par Hassi-Insokki — Insalah — Tombouctou, soit par Amguid — Ideles — Bomba, soit enfin par Assiou — Fagona, sur le Niger. Mais, pour le moment, notre objectif principal est le haut bassin de Tafasasset[1].

Il ne faut pas oublier non plus que les puits d'Assiou se trouvent sur la ligne directe de l'Algérie au Congo.

Nous supposons que dans cinquante ans d'ici on reconnaîtra la nécessité d'une voie Assiou — Congo, qui aura une longueur double de celle Ouargla — Assiou, soit 3,500 à 4,000 kilomètres[2].

---

[1] D'après le croquis n° 3 ci-joint, on voit que le premier embranchement du Hassi-Nifel à Tombouctou affleure légèrement la première zone du sable et coupe la seconde en entier. Le deuxième embranchement, d'Amguid à Bamba ou à Eha, doit toucher certainement aux sables d'El-Djouf, bien que la proximité du massif montagneux d'Ahagar permette d'admettre que l'effet des vents doit y être moins grand. Le troisième embranchement seul semble être à l'abri des vents et des sables dans le désert d'Aouelimmiden.

[2] Bien que la géographie de l'Afrique centrale reste à faire complètement, il nous semble que la ligne Assiou—Congo doive passer par Agadez, Sinder dans le Bornou, Nagaounder dans l'Adamaoua et aboutir soit au poste français d'Oubangi, soit au coude de Congo, qui se trouve au confluent d'Itimbiri,

Alors les grands espaces inconnus de l'Afrique disparaîtront devant la civilisation et l'intelligence de l'homme. Nous ne devons pas nous effrayer de cette pensée, elle est la conclusion de l'exploration Flatters.

Tout ce raisonnement nous amène à démontrer que pour aller d'Ouargla à Bir-Assiou, par Amguid et la sebkha d'Amadghor, il faut faire environ 2,000 kilomètres, tandis que d'Ouargla à Tombouctou par Insalah, il y a 2,500 kilomètres. En outre, la première ligne est complètement explorée, au point qu'il est permis de régler les étapes de marche jusqu'au 25e degré, tandis que l'autre est tout à fait inconnue.

Par conséquent, l'itinéraire Flatters est le plus court et le meilleur chemin entre l'Algérie et le Soudan.

Les membres de la Société de géographie et de la Commission d'études du ministère des travaux publics, instituée en 1879 par M. de Freycinet, ayant donné leur approbation à l'itinéraire Flatters, il n'y a qu'à se rallier à l'avis de ces personnes compétentes.

Flottille du Niger.

Nous ne pouvons pas passer à une autre partie de l'étude sans signaler une lettre très intéressante et très patriotique que M. le général Faidherbe vient d'adresser à M. Crépy, président de la Société de géographie de Lille, au sujet d'un bateau français qui est allé de Bamakou à Tombouctou il y a quelques semaines. Le journal *Le Temps* ayant publié cette lettre, il n'y a pas lieu de la reproduire. Mais, bien que M. le général Faidherbe ne semble pas être partisan du Transsaharien, nous pensons que le voyage à Tombouctou du lieutenant Caron vient entièrement à l'appui des idées que nous préconisons.

---

rivière ayant 400 à 800 mètres de largeur, d'après l'*Atlas colonial* de Henri Mager. — Dans ce dernier cas on pourrait, peut-être, utiliser la voie fluviale en longeant le Haut-Bénué et en touchant au lac Liba. Nous notons ce projet pour mémoire, afin de donner plus d'ordre et de méthode aussi bien aux explorations du Congo qu'à celles qui pourront avoir lieu plus tard dans le Haussa. D'ailleurs, nous avons l'intention de reprendre cette question dans un autre travail.

Nous espérons que le gouvernement fera organiser *une flottille sur le Niger, flottille composée au moins de quatre canonnières, qui descendra le fleuve non pas jusqu'à Tombouctou, mais jusqu'aux rapides de Boussa, où s'arrête la navigation du Bas-Niger, et recherchera le confluent de Tafasasset.* Pendant ce temps-là, une autre mission doit partir de l'Algérie et atteindre les sources de ce cours d'eau à Assiou. Les deux expéditions marcheraient l'une à la rencontre de l'autre.

La première mission étant déjà préparée en grande partie au Sénégal, grâce aux soins et à l'intelligence du colonel Gallieni, il s'agit de préparer la seconde à Ouargla.

II. — Conduite d'une mission.

Base du nouveau projet d'exploration.

Les renseignements fournis par la mission de 1880-1881 étant très importants, nous proposons de reprendre une nouvelle exploration du Sahara, en vue de la construction d'une voie ferrée devant joindre le centre de l'Afrique aux côtes de l'Algérie.

Une mission partant d'Ouargla aurait quatre buts à remplir, savoir :

1° *Terminer l'itinéraire Flatters jusqu'au puits d'Assiou, qui se trouve à environ 15 jours de marche de Bir-Kharama, dernier point atteint le 16 février 1881 ;*

2° *Établir un poste français sur la frontière septentrionale du Soudan central et assurer la communication entre ce poste et ceux du sud de l'Algérie ;*

3° *Reconnaître aussi loin que possible l'état de navigation du Tafasasset et de ses affluents ;*

4° *Fournir des renseignements statistiques aussi détaillés que possible sur les populations, les produits, la richesse du sol, la végétation et les mines du bassin du Niger.*

La mission aurait un caractère essentiellement pacifique, mais elle serait accompagnée par une forte escorte militaire devant la mettre à l'abri des attaques des coupeurs de routes du Désert.

Sa tâche devrait être terminée en dix ou douze mois, y compris le retour qui s'effectuera par le même chemin.

Le Soudan central, c'est-à-dire les environs du lac Tchad, indiqués naturellement comme objectif de la mission, a été exploré déjà à diverses époques.

La première exploration a été faite, de 1822 à 1824, par une expédition anglaise composée du major Denham, du lieutenant de vaisseau Clapperton et du docteur Oudney, qui a pénétré dans le Soudan sous la protection d'une escorte de 200 Arabes offerte par le pacha de Tripoli, sur la demande du consul anglais. Partie de Tripoli au printemps de 1822, l'expédition a passé d'abord dans le Fezzan tout l'été et une partie de l'automne. A la fin de novembre seulement, elle descendit les pentes escarpées du plateau de Mourzouk et pénétra dans le Sahara par l'état nègre de Tibbous. Elle mit huit semaines pour traverser le Désert et arriva à la bourgade de Lari, située sur la partie septentrionale du lac Tchad, dans les derniers jours du mois de janvier 1823.

Denham découvrit le lac Tchad, et après avoir parcouru les pays de Bornou, de Sakatou et de Haoussa, il retourna en Europe par le même chemin des caravanes, c'est-à-dire par Tripoli.

La deuxième expédition fut entreprise également par un Anglais, le docteur James Richardson, auquel le gouvernement allemand avait confié deux jeunes savants nés à Hambourg : Adolphe Overweg et Henry Barth. Cette expédition, réunie toujours à Tripoli, ayant reçu son organisation définitive à Mourzouk, capitale du Fezzan, s'éloigna de cette ville le 25 juin 1850, pour s'acheminer vers Haoussa, non pas par la route de Tibbous, mais par celle d'Aïr, c'est-à-dire plus à l'ouest. Elle n'avait pas d'escorte considérable, aussi tomba-t-elle, entre Gathe et Assiou, entre les mains d'une bande de Touaregs, à laquelle elle fut obligée de livrer la moitié de ses bagages.

La mission atteignit Houssa et Bornou, mais Richardson et Overweg étant morts, Barth seul continua son voyage en s'avançant vers l'ouest. Il visita la ville de Sakatou, capitale de l'empire félan, traversa le Niger au passage de Say et alla jusqu'à Tombouctou, par Sebba, Tondi et Sarayamo, où il trouva un accueil sympathique de plusieurs mois dans une famille musulmane.

Chassé de Tombouctou par une secte fanatique, Barth revint sur ses pas en visitant une partie de la rive gauche du

Niger; il traversa ce fleuve en radeau, au même passage de Say, et de là il retourna sur les côtes de la Méditerranée, par les routes du Fezzan.

A l'exemple de Barth, d'autres explorateurs allemands, comme Vogel, Beurmann et Rohlfs, cherchèrent à plusieurs reprises à pénétrer dans le centre de l'Afrique. Mais la plus importante mission a été accomplie par le docteur Nachtigal, consul prussien à Tripoli, qui, chargé d'apporter des cadeaux au vieux cheik Omar, de Bornou, visita la Tibesti ou le Tibbou, le Bornou, la Baguirmi et prolongea ses explorations jusqu'aux sources du Nil.

Le récit du voyage du docteur Nachtigal, qui dura depuis 1868 jusqu'à 1873, a été publié par le *Tour du Monde*. On le trouvera dans les dernières livraisons de l'année 1880, accompagné de gravures exécutées par M. Pranishnikoff.

Les renseignements fournis par ces différentes explorations étant suffisants pour éclairer notre opinion, il n'y aurait pas lieu de demander de nouvelles recherches à la mission que l'on pourrait envoyer au centre de l'Afrique. Cette mission ne devrait pas s'écarter trop de son véritable but, c'est-à-dire de la création d'un poste français au delà du Désert et de l'établissement d'une ligne de communication entre ce poste et l'Algérie.

Quand cette première idée aurait reçu son application, alors on pourrait s'occuper du chemin de fer transsaharien et de nouvelles découvertes géographiques.

Force de l'escorte.

Toutes les tribus africaines sont divisées et en état d'hostilité continuelle entre elles; elles ne pourraient se rassembler qu'en cas d'invasion d'un ennemi commun. Il serait toujours facile de combattre ces peuplades, l'une après l'autre, si on ne les menace pas au début, si on ne déclare pas la guerre à tout le Désert.

Comme cela a été dit plus haut, les premiers ennemis que la mission peut rencontrer sont les Touaregs-Hoggars, plus au sud les Touaregs-Azdjers, et enfin les Aouélimmidens, ainsi que les États nègres indépendants.

Les Touaregs-Hoggars sont divisés en deux partis hostiles :

les Ouled-el-Moktar et les Hoggars proprement dits. Ouled-el-Moktar est une secte religieuse et marchande; elle occupe principalement la partie nord de la ville d'Insalah; elle est très fanatique.

« On n'estime pas qu'Insalah et les ksours voisins puissent réunir plus de 600 fusils, appartenant presque tous aux Ouled-el-Moktar. Quant à l'ensemble des Touaregs-Hoggars, ils peuvent réunir environ 1000 combattants; mais ceux-ci ne pourraient rester réunis plus d'une dizaine de jours[1]. »

Les autres populations plus méridionales du Désert n'ont pas de force militaire plus considérable, sauf les états de Nigritie, qui ont de petites armées d'une force variant entre 1000 à 10,000 hommes; mais ces derniers accueillent favorablement les étrangers, comme le prouve le voyage du docteur Barth, qui est resté cinq ans dans ces pays, de 1849 à 1854. Nous avons la certitude que des traités de commerce entre la France et ces petits rois indépendants pourraient être contractés sans aucune difficulté, *pourvu qu'on ne cherchât pas à abolir au début des relations la traite d'esclaves qui est la base principale du commerce africain.* Ce trafic ne peut disparaître qu'avec le progrès de la civilisation.

Nous pouvons donc admettre, en se basant sur ce qui précède et en supposant l'hostilité des tribus nomades, que la mission militaire chargée de poursuivre l'exploration du Désert sera attaquée trois fois par ces tribus avant son arrivée au Soudan. Ces attaques pourront avoir lieu : 1° à hauteur d'Amguid, 2° au sud d'Idelès, 3° dans la plaine que parcourent les Aouélimmidens. La mission aura à repousser chaque fois 1000 combattants au plus.

En 1881, les bandes de Touaregs commandées par Tissi avaient un effectif d'environ 300 à 400 hommes, et il fallait pour cela, non seulement avoir recours aux gens de campement d'Azdjers, mais réunir même la population de quelques oasis situées à l'ouest d'Insalah.

---

[1] Nous rappelons ici qu'Insalah et les ksours contiennent environ mille habitations. En admettant un combattant par habitation, les renseignements qui précèdent, et qui sont donnés par la Revue *l'Exploration*, sembleraient être assez exacts.

L'ennemi ne possède qu'une cavalerie montée sur des chameaux et armée de lances et de sabres. Il ne peut se présenter qu'inopinément ou dans une embuscade, comme cela eut lieu le 16 février 1881, pour s'approcher le plus près possible et annuler l'effet des armes à longue portée lui infligeant des pertes trop considérables.

Or, nous pensons que, dans ce genre de combat, une troupe composée de 200 fantassins réguliers, armés du fusil modèle 1886, peut avoir raison de toutes les tribus du Désert. Seulement, il est nécessaire d'observer l'ordre dans les rangs, de ne pas s'éloigner isolément du gros, de ne pas se laisser entraîner dans un terrain défavorable, et surtout de ne pas livrer les chameaux à l'ennemi comme en 1881.

L'effectif des caravanes indigènes qui font commerce avec le Soudan et Insalah dépasse rarement 300 hommes, y compris les chameliers, et cette force est suffisante pour repousser toute attaque des tribus pillardes.

Au Sénégal, l'effectif des colonnes Gallieni ou Borgnis-Desbordes se composait généralement de 500 hommes au plus, et les Français étaient toujours victorieux bien qu'ils combattissent un ennemi dix fois plus nombreux que les Touaregs.

Composition de la mission.

D'après ce qui précède, il est inutile d'envoyer dans le Désert une mission trop considérable. Nous avons la certitude que l'escorte du lieutenant-colonel Flatters était suffisante pour repousser les agresseurs, et que le massacre n'aurait pu avoir lieu s'il n'y avait pas eu d'embuscade. Il est donc nécessaire, avant tout, de confier le commandement de la troupe à un officier ferme, sachant maintenir l'ordre et la discipline pendant le trajet et ayant un peu l'habitude des guerres d'Afrique.

Cependant, nous voudrions donner à la nouvelle mission un effectif plus fort que celui de 1880, à cause des postes de correspondance qu'il convient d'établir.

Voici la composition proposée :

État-major.

1 colonel ou lieutenant-colonel commandant la mission;
1 chef de bataillon commandant en second ;

5 officiers dont un capitaine, détachés de la brigade topographique de l'Algérie, chargés du lever du terrain;
3 ingénieurs civils, chefs des services astronomique, géologique, hydrographique;
2 médecins chefs des services médical, botanique et photographique;
2 sous-officiers secrétaires, dont l'un connaissant le dessin.

Escorte.

1 bataillon de 4 compagnies du 1er ou 3e régiment de tirailleurs algériens, commandé par leurs cadres habituels;
2 pelotons de cavalerie du 1er régiment de spahis;
2 sections d'artillerie de montagne.

Personnel indigène.

12 guides;
100 chameliers indigènes.

L'effectif total comporterait 500 hommes de troupe, y compris les guides et les chameliers, 22 officiers et environ 1000 chameaux, dont 100 à 150 de monture[1]. Un second bataillon de réserve serait concentré à Ouargla, pour appuyer l'action de la mission en cas d'hostilité ouverte de la part des Touaregs.

Effectifs et attributions des chefs de service.

L'infanterie constituant la force réelle de l'escorte, sera chargée de donner toute la protection nécessaire aux membres de la mission et de repousser par les armes les attaques de l'ennemi. Elle sera secondée par l'artillerie, dont l'effet moral joue un rôle important sur l'esprit des populations indigènes. La cavalerie, faisant le service d'éclaireurs, doit couvrir le front et les flancs de la ligne d'exploration.

L'effectif de chaque compagnie d'infanterie serait de 70 hommes;

---

[1] L'effectif de chameaux de charge doit être réglé au point de concentration d'après le poids des bagages. Il nous semble cependant que deux chameaux portant en moyenne 250 kilog. de provisions par homme, ce nombre est plus que suffisant.

l'effectif d'un peloton de cavalerie, 30 hommes, et celui de la section d'artillerie, 15 hommes.

Tous les fantassins feraient la route à pied, mais ils pourraient être autorisés à faire transporter les sacs par les chameaux. Les spahis seraient montés sur des méharis très vigoureux, de manière à pouvoir faire un parcours d'au moins 100 kilomètres par jour[1]. Un piquet de 50 fantassins montés à tour de rôle devrait toujours marcher avec la colonne pour secourir la cavalerie. Il en est de même pour l'artillerie, dont les quatre pièces, d'un calibre très léger, seraient transportées à dos de chameau. Enfin, les fantassins et les cavaliers seraient choisis parmi les soldats indigènes d'une conduite éprouvée et rompus à la fatigue et à la vie des colonnes. Autant que possible, ils devraient être commandés par leurs cadres habituels, mais réduits au minimum.

Tous les sous-officiers seraient armés du fusil.

Le colonel commandant aurait la haute direction de toute la mission, y compris les détachements des postes d'occupation. C'est à lui qu'appartiendrait le droit de déterminer l'effectif définitif de la mission, de choisir les officiers, les hommes de troupe et les guides. Il indiquerait la marche à suivre journellement et prescrirait toutes les mesures d'ordre nécessaires.

Le commandant en second, choisi parmi les officiers supérieurs les plus énergiques, serait chargé de veiller particulièrement au maintien de la discipline dans le détachement; il réglerait le service des avant-postes, des rondes, des patrouilles et des flancs-gardes; dans la marche, il surveillerait l'attitude des guides indigènes et commanderait les troupes de l'escorte sous les ordres du colonel.

Les 5 officiers topographes, dont l'un capitaine, seraient chargés de lever le plan de toute la zone explorée. Le capitaine chef

---

[1] Les hommes doivent être choisis parmi ceux qui sont nés dans le sud de l'Algérie, et qui savent, par conséquent, conduire les méharis. Chaque régiment de spahis contient un nombre relativement considérable de soldats venant du Désert. L'idée de la cavalerie d'Afrique montée sur des chameaux reste à étudier et à essayer. Elle doit être certainement pratique, surtout dans le Sud, et ces deux pelotons pourraient former plus tard le noyau des régiments.

Nous sommes entièrement partisan d'une cavalerie indigène montée sur des méharis, et nous regrettons beaucoup de ne pas partager, sur ce point, les idées de l'auteur d'un article intitulé *Chameau et Méhari* que *la Revue du Cercle militaire* a publié dans son numéro du 13 novembre 1887.

de ce service marcherait toujours avec le colonel; il ferait établir des croquis du terrain à tous les chefs de patrouille ou de reconnaissance, quels que soient leur grade ou la nature de leur service. Les imprimés des rapports, établis sur papier quadrillé, leur seraient fournis à l'avance.

Le rapport journalier, tenu de préférence par cet officier, serait accompagné d'un croquis jour par jour et mis en concordance avec les noms cités dans le texte. A défaut d'instruments plus expéditifs, les distances seraient déterminées avec le télémètre Gaulier ou, dans certains cas particuliers, comptées au pas ou appréciées à la vue.

Les chefs des services géologique, minéralogique et botanique, recevraient des instructions spéciales, soit des chefs de la mission, soit des autorités civiles dont ils dépendraient.

Enfin, tous les indigènes survivants de la mission Flatters seraient attachés à l'expédition comme guides.

Organisation intérieure de la mission.

Nous ne pourrons pas aborder ce chapitre sans revenir encore une fois sur la mission Flatters, pour citer comme exemple, quelques excellentes mesures d'ordre admises dans son organisation intérieure et que nous avons l'intention d'adopter.

Disons tout d'abord, à titre de renseignements, que la première mission Flatters a quitté Paris le 7 janvier 1880 et a été reçue le 9 à Marseille par M. le général Saussier, qui lui a fait un accueil des plus favorables. Elle est arrivée le 12 janvier à Alger, le 20 à Constantine et le 31 à Biskra. Partie de Biskra le 7 février, elle est passée par Tougourt le 11 et est arrivée à Ouargla le 25 février. Le 26, le colonel a constitué une commission, sous la présidence du capitaine Masson, chargée de l'achat des chameaux, des bâts, des cordes, ainsi que du recrutement du personnel indigène devant accompagner la caravane. Les opérations de cette commission ont duré 7 jours. La mission a été mise en route le 5 mars, c'est-à-dire 58 jours après son départ de Paris.

Les animaux de bât et les conducteurs ont été trouvés en nombre suffisant à Ouargla, grâce à l'activité du caïd de cette localité qui a fait des levées de tribus entières. Il y avait même un moment où toute la population, le caïd en tête, voulait servir de guides. On a été obligé d'éliminer un grand nombre de chameaux présentés à la vente et de faire un choix parmi les conducteurs.

Les chameaux ont été payés au prix moyen de 180 francs.

Quant au personnel indigène, une grande partie étant déjà fournie par les soldats des 1er et 3e tirailleurs, le colonel n'a admis que 40 chameliers à pied et 20 hommes d'escorte à méhari.

Les chameliers ont été engagés au prix de 2 francs par jour et les cavaliers, de 4 francs, les vivres, pour trois mois, étant à la charge des intéressés qui doivent les acheter au moyen d'une avance sur la solde dont le complément était payable au retour. Enfin, il n'y avait aucune entrée en campagne, mais on avait promis des gratifications après le service fait. Acte était dressé par devant le caïd, et les vivres vérifiés.

La deuxième mission fut organisée de la manière suivante : Chaque chameau de charge portait 120 kilogrammes et une outre d'eau.

Chaque homme d'escorte et chaque chamelier avait un méhari de monture qui portait en même temps quelques menus bagages et quelques vivres courants pour les membres de la mission et pour les conducteurs. La répartition de la charge au moment du départ a été faite d'après le tableau suivant :

NUMÉROS d'ordre.	DÉSIGNATION DES OBJETS.	NOMBRE de chameaux.	OBSERVATIONS.
1	Chameaux de monture................	92	La caravane avait, en outre, 3 juments montées de temps en temps pour cadeaux à quelques chefs Touaregs.
2	Vivres pour 120 jours et eau pour 8 jours.	118	
3	Bagages et matériel de campement	16	
4	Popote particulière des membres de la mission........................	6	
5	Munitions..........................	8	
6	Instruments, cadeaux en nature, pharmacie, etc........................	20	
7	Objets divers pour provisions du marabout et nourriture d'hôtes en route....	2	
	TOTAL............	262	

Sur les 118 chameaux de vivres, 12 portaient des rations carrées assorties, composées de farine, de biscuit, de riz, de viande de conserve et d'autres denrées. De cette façon, en cas de détachement, on pouvait prendre un ou deux chameaux à rations carrées pour pouvoir vivre plusieurs jours de suite sans défaire le gros des bagages.

En outre, les 262 chameaux furent répartis en 6 sections; chaque section était commandée par un des membres de la mission, dont elle portait les bagages et le matériel, de manière qu'elle pût former une caravane complète et se suffire, le cas échéant.

Ici, il faut remarquer une faute; les trois dernières sections étaient dirigées par les docteurs ou les ingénieurs civils qui n'avaient aucune pratique du commandement. Il eut été préférable d'attacher à la mission autant de sous-officiers qu'il y avait de sections et de les charger de la surveillance des indigènes. En général, si l'organisation de la mission était bonne, la discipline laissait beaucoup à désirer.

L'effectif de chacune de ces six caravanes était le suivant[1] :

[1] Nous puisons ce renseignement dans la lettre du colonel adressée à Mme Flatters, à la date du 12 novembre 1880. Les chiffres ne concordent pas avec le tableau précédent, à cause des chefs de section et des sous-officiers qui probablement ont été défalqués de l'effectif total.

NUMÉROS des sections.	NOMS DES CHEFS DE SECTION.	HOMMES.			CHAMEAUX							TOTAL d'hommes.	TOTAL de chameaux.	OBSERVATIONS.
		Ordonnances.	Cuisiniers.	Chameliers.	Rations carrées.	Popote.	Bagages et campement.	Cadeaux et instruments.	Vivres généraux.	de munitions.	de monture.			
1	De Dianous	2	1	12	2	6	2	3	18	3	16	15	50	Les trois chevaux marchaient avec la 2e section.
2	Masson....................	3	»	8	2	»	2	3	16	3	12	11	38	
3	Masson....................	2	»	9	2	»	2	3	20	2	12	11	41	Deux chameaux de Mokedelom avec la 3e section.
4	Guiard	3	»	8	2	»	2	5	16	»	12	11	37	La pharmacie et la photographie marchaient avec la 4e section.
5	Roche	2	»	9	2	»	2	3	20	»	12	11	39	Les sous-officiers Dennery et Pobéguin campaient à la 3e section. Le premier commandait les 3 sections de droite et le deuxième les 3 sections de gauche.
6	Béringer et Santin	4	»	9	2	»	4	3	16	»	15	13	40	
	Totaux........	16	1	55	12	6	14	20	106	8	79	72	245	

Cette répartition du service dénote l'intelligence et l'esprit organisateur. Nous louons surtout l'idée du fractionnement de la colonne en 6 sections devant faciliter la tâche de la mission, mais nous nous demandons aussi pourquoi le colonel ne s'est pas servi de cette mobilité qu'il a su introduire dans l'organisation de la caravane, et n'a pas fait éclairer les flancs de la ligne d'exploration par ses sections indépendantes.

Néanmoins, nous pensons que la future mission doit adopter entièrement l'organisation de la colonne du colonel Flatters avec les quelques modifications suivantes :

1° Au lieu de 6, la caravane serait partagée en 8 subdivisions. Le multiple de 2 étant la base de notre organisation militaire, chaque colonne indépendante pourrait être escortée par une fraction constituée de troupe, c'est-à-dire par un peloton ou par une section sous le commandement d'un ou de deux sous-officiers ;

2° Indépendamment des rations carrées de 3 ou 4 jours pour de petits détachements ou reconnaissances que la colonne pourrait envoyer en dehors de son itinéraire principal, il serait formé des rations carrées de 8 jours au moins de vivres et d'eau pour la cavalerie;

3° Cette dernière arme devant agir à une très grande distance, on formera, en outre, des rations carrées de réserve pour renouveler les provisions tous les 8 jours;

4° Afin d'éviter la consommation prématurée et limiter le temps d'opération de la mission, les vivres généraux seraient partagés par zone d'exploration, c'est-à-dire que l'on indiquera à l'avance les provisions qui doivent être mangées dans le trajet d'Ouargla à Hassi-Insokki, dans le trajet de Hassi-Insokki à Amguid, etc.

Il appartiendra au commandant de la mission de régler au moment opportun le détail de cette prescription.

Base d'opération.

La base d'opération, c'est-à-dire la concentration des ressources en vivres, des moyens de transport et des effectifs de la mission, serait établie à Ouargla, point extrême de la frontière méridionale de l'Algérie.

Toutes les mesures nécessaires seront prises par le commandant du cercle de Laghouat, qui transportera sa résidence de cette ville à Ouargla et y restera pendant tout le temps que dureront les opérations de la mission.

Comme cela a été déjà dit, une colonne de réserve sera organisée à l'avance et mise à la disposition du commandant de Laghouat, pour être dirigée dans le Désert aussitôt qu'un danger quelconque viendrait menacer la mission.

Elle serait chargée d'occuper par la force l'oasis d'Insalah. On adjoindra à cette colonne 300 chameaux de course montés soit par des goums, soit par des spahis, et destinés à porter le secours immédiat.

Postes fixes d'occupation.

Indépendamment de la base d'opération, on occupera dans le Désert quelques postes sur lesquels la mission pourrait se rabattre en cas de danger.

Ces postes seront échelonnés à environ 500 kilomètres l'un de l'autre; ils seront fortifiés, et les troupes chargées de leur garde ne pourront les abandonner qu'après en avoir reçu l'ordre du commandant de la mission, c'est-à-dire après le passage de la caravane. *Au besoin, ces postes pourront servir de tête d'étape à la compagnie de construction de la voie ferrée. Dans ce dernier cas, ils seraient relevés tous les six mois.*

Les postes d'occupation seraient au nombre de deux ou de trois, selon le désir exprimé par le commandant de la mission.

Le premier poste serait établi au point dit Hassi-Insokki, situé à 521 kilomètres d'Ouargla. La mission Flatters est passée par ce point le 25 décembre 1880 et y a fait un repos de trois jours. La qualité et l'abondance de l'eau des puits permet à un détachement d'y faire un séjour prolongé.

Le point Insokki possède des avantages stratégiques considérables et l'on ne doit pas le négliger; il se trouve sur le chemin d'Insalah qui est située à environ 230 kilomètres plus au sud-ouest. Pour aller de ce point vers Amguid et Sebkha d'Amadghor, on est obligé de passer par la plaine d'Adjemor, c'est-à-dire prendre le chemin le plus court, mais pénible, *dépourvu d'eau et de toute végétation.*

En 1880, le colonel Flatters tourna la plaine d'Adjemor en allongeant de 100 kilomètres son itinéraire. Il fit un coude à l'est jusqu'au puits El-Messegguen, et de là il reprit la direction du sud.

Si la mission future veut faire le même détour, qui semble être absolument nécessaire, elle sera obligée de prêter le flanc droit de sa ligne d'opérations aux attaques des bandes d'Insalah. Celles-ci peuvent se montrer soit par le chemin Insalah—El-Messegguen—Ghadamès, soit par celui d'Insalah—Khangat—Hdid—Amguid (*voir le croquis n° 1*).

Les Arabes considèrent la route de Ghadamès comme très suspecte, et en arrivant à Hassi-el-Messegguen le 1er janvier 1881, la colonne Flatters eut une fausse alerte. La proximité d'Insalah, ou plutôt la proximité du chemin qui y conduit, éveilla la crainte d'une embuscade.

Or, il convient de déjouer toute tentative d'une attaque de flanc en laissant une petite colonne à Hassi-Insokki pour la jeter, le cas échéant, soit sur les derrières des bandes d'Insalah, soit à Insalah même.

En cas d'hostilité ouverte, si ce point est occupé par les Touaregs, la ligne de retraite de la colonne pourrait être coupée et la situation de la mission dans le Sud très menacée.

D'ailleurs, la présence d'une troupe française sur les limites nord du territoire hoggar obligerait l'ennemi à porter toute son attention de ce côté et à ne pas s'éloigner trop vers le Sud à la poursuite de la mission, comme cela eut lieu en 1881. En effet, les bandes de Tissi qui ont massacré la caravane à Bir-Kharama se sont éloignées à plus de 800 kilomètres de leur contrée, car elles savaient qu'aucun danger ne menaçait Insalah du côté du nord.

Le deuxième poste d'occupation temporaire doit être établi à Amguid, point situé à 921 kilomètres et 33 jours de marche d'Ouargla. La mission Flatters l'a atteint le 18 janvier 1881, et elle y fit un repos de quatre jours.

« C'est un cirque immense, entouré de montagnes abruptes et très élevées. Le cirque n'est accessible que du côté de l'ouest, par un ravin étroit et d'accès difficile dont quelques hommes déterminés peuvent défendre l'entrée. Au fond de ce cirque, se trouvent de petits lacs (gueltas) alimentés par les pluies et aussi par des sources communiquant entre elles. Le trop-plein des lacs coule de l'est à l'ouest, mais il se perd avant l'entrée du cirque. Les lacs profonds renferment une grande quantité de beaux poissons. »

Amguid a déjà été arrosé du sang français. Le lieutenant de Dianous, les nommés Brame et Marjolet, ainsi que plusieurs soldats indigènes du 1er et du 3e tirailleurs algériens ont été tués là dans le combat du 10 mars 1881, pendant la déroute des débris de la mission Flatters.

Si Hassi-Insokki est un point stratégique, Amguid est le point tactique par excellence. Ce cirque immense, de 6 kilomètres de long, d'un accès facile à défendre, au milieu du Désert et à mi-chemin entre l'Algérie et le Soudan, semble être indiqué naturellement comme un bon objectif secondaire de l'expédition. Avec quelques travaux de fortification passagère il serait possible de le transformer en place forte naturelle, dans laquelle on pourrait concentrer les vivres et les matériaux nécessaires à sa défense. Dans ce cas, un faible détachement pourrait braver les Touaregs, même pendant des années entières.

Plus tard, quand le chemin de fer sera construit, on y établirait une citadelle avec quelques forts détachés sur les rochers dominant le Désert, et l'on construirait dans l'intérieur de l'oasis, autour de ces *gueltas profonds renfermant des poissons*, une ville européenne avec des jardins, des kiosques et des appareils à froid, devant peut-être transformer Amguid en station de plaisance pour les voyageurs de cette immense ligne entre l'Algérie et le Soudan.

Le troisième poste pourrait être établi au sud de Sebkha d'Amadghor. Il serait sans doute à l'endroit où eut lieu le massacre du 16 février ou sur l'extrémité de la plaine d'Amadghor; mais en raison de l'éloignement, une garde ne pourrait y être laissée que dans le cas où le commandant de la mission le jugerait nécessaire, et que l'on trouverait un terrain défensif suffisamment favorable.

Postes de correspondance.

Indépendamment des postes d'occupation fixe, il serait aussi nécessaire d'établir au moins deux postes de correspondance ou postes mobiles pour transmettre les dépêches. Le premier de ces postes, appartenant au détachement d'Insokki, pourrait être installé à Hassi-Nifel, et l'autre, appartenant au détachement d'Amguid, à Hassi-El-Messegguen.

Nous ne pensons pas que ces petits détachements étant isolés puissent se trouver en danger. Dans tous les cas, il ne faut pas craindre de les sacrifier dans l'intérêt de la sécurité de la caravane entière.

Le renouvellement des vivres de ces petits postes pourrait s'effectuer en même temps que l'échange de la correspondance.

Formation des colonnes.

Tout le détachement serait divisé en trois colonnes.

La première et la deuxième colonnes seraient destinées à former les postes d'occupation fixe, et la troisième constituerait l'escorte de la mission proprement dite; elle irait jusqu'au Soudan sous la protection des deux premières.

La garnison de chaque poste d'occupation serait formée par une demi-compagnie d'infanterie ayant un effectif de 40 hommes; elle serait sous le commandement d'un capitaine et d'un officier.

Au poste d'Amguid, on pourrait joindre une section d'artillerie, soit deux pièces, pour permettre au capitaine de défendre l'entrée du cirque, et pour tenir à distance les bandes indigènes en cas d'hostilité de leur part. Ce poste étant très éloigné et isolé, il ne devrait compter que sur ses propres ressources.

Les deux pelotons restants des compagnies, l'autre moitié du bataillon, les deux pièces d'artillerie et toute la cavalerie formeraient la troisième colonne, avec laquelle marcheraient les membres de la mission.

Chaque commandant de colonne recevrait des instructions détaillées avant son départ. Le commandant de la mission devrait indiquer dans ces instructions :

1° Ordre de marche, lieux d'étapes et point d'arrivée;

2° Dispositions à prendre au point d'occupation pour procurer de nouveaux guides, pour fournir les renseignements sur l'ennemi, etc.;

3° Ordres relatifs à la transmission de la correspondance;

4° L'autorité dont dépendra le poste et l'époque probable où il passera du commandement du chef de la mission à celui du commandant du cercle d'Ouargla;

5° Mesures de sûreté à observer; fortification du point occupé; exploration des environs;

6° Conduite à tenir en cas d'attaque de l'ennemi;

7° Conduite à tenir en cas d'attaque, de retraite ou du massacre de la mission;

8° Dispositions relatives au renouvellement des vivres.

Commencement de l'expédition.

Nous avons dit plus haut que pour aller au Soudan, à trav rs le Sahara et pour revenir par le même chemin, il faut compter dix à douze mois. Ce temps serait décomposé de la manière suivante :

Traversée du Désert, 3 mois.
Exploration du Soudan, 4 à 6 mois.
Retour à Ouargla, 2 à 3 mois.

L'exploration du Désert étant remplie de nombreuses difficultés, à cause de la température très élevée dans les dunes, et à cause des vents, il faut l'entreprendre dans la saison la plus favorable de l'année, c'est-à-dire à l'automme ou au commencement de l'hiver. Nous pensons donc que le départ de la mission doit avoir lieu entre le mois d'octobre et le mois de février au plus tard. Prenons le mois d'octobre pour base de notre projet et précisons bien la marche de l'exploration.

Départ de la première colonne.

Le poste de Hassi-Insokki ayant le nombre de chameaux nécessaires pour transporter des vivres pour quatre mois et de l'eau pour huit jours de l'effectif de son détachement, quitterait Ouargla le 1er octobre sous le commandement du capitaine chef de poste.

Les deux pelotons de cavalerie, deux officiers topographes et quatre guides marcheraient avec cette colonne. La cavalerie précéderait l'infanterie et le convoi d'une journée de marche; elle ferait le service de reconnaissance dans une zone de 25 à 50 kilomètres à l'est et à l'ouest de la route.

La colonne passerait par tous les points indiqués sur l'itinéraire de la seconde mission Flatters et arriverait à Hassi-Insokki le 23 octobre, après avoir fait séjour d'un jour à Hassi-Djemel, Keichaba et Hassi-Nifel. Elle ferait nettoyer tous les puits jusqu'à Insokki et laisserait les indications nécessaires aux autres colonnes sur les pâturages, le choix des chemins, etc.

A Hassi-Nifel, le commandant de la colonne devrait installer le poste de correspondance, composé de 1 caporal, 2 soldats tirailleurs et de 5 indigènes montés sur des chameaux de course pour le transport des dépêches.

Le lendemain de l'arrivée du gros du détachement, le premier peloton de cavalerie serait porté dans la direction d'Insalah et occuperait le point dit El-Khoneig, qui semble se trouver sur la route des caravanes de Ghadamès à Insalah, et environ à 100 kilomètres de la capitale des Hoggars. Il aura pour but de couvrir la ligne d'exploration du côté d'Insalah.

Le deuxième peloton avancera jusqu'à Hassi-el-Messegguen, occupera la route Insalah—Ghadamès et couvrira provisoirement la colonne du côté de Ghadamès. Ces deux pelotons, bien qu'étant séparés par un espace considérable chercheront à se mettre en communication entre eux, par des patrouilles qui parcourront la route des caravanes et tous les chemins conduisant dans la direction d'Amguid[1]. Chaque chef de peloton fera son possible pour obtenir les renseignements les plus détaillés sur le terrain ainsi que pour procurer des guides connaissant la route d'Amguid au Soudan.

Les deux officiers topographes marcheront avec la cavalerie et feront des levés du terrain, l'un dans la direction d'Insalah

---

[1] On nous reprochera peut-être que le front gardé par ces deux pelotons est trop vaste. Nous répondons que la guerre ne se passe pas en Europe, mais au Sahara, où il faut compter avec l'espace, avec le pays désert et avec l'ennemi généralement sans force. Voyons, par exemple, à quelle distance se trouvaient les trois colonnes de l'armée anglaise envoyées au secours de Karthoum, en 1885. Il serait difficile cependant de chercher des fautes graves dans les combinaisons stratégiques admises par le général Wolseley, aussi bien dans la campagne du Soudan que dans celle de 1882 contre Arabi-Pacha.

et l'autre dans la direction Ghadamès—Amguid. Un guide restera à Hassi-Insokki; deux marcheront avec le premier peloton de cavalerie et un avec le deuxième peloton.

L'officier commandant le premier peloton des spahis sera chargé de transmettre, par un de ses guides, au cheik d'Insalah, une lettre du commandant de la mission. Dans cette lettre, rédigée en termes énergiques, mais convenables, on doit faire ressortir que depuis quelques années des assassinats ont été commis sur le territoire des Hoggars par des coupeurs de routes, et que plusieurs citoyens français ont perdu la vie sans aucune provocation de leur part. Ces actes criminels ont dénoté l'impuissance du chef de tribu. Ils ont causé un grand mécontentement en France, où l'on est prêt, en toutes circonstances, à rechercher les causes de désordre et à punir, s'il y a lieu, les coupables. Malgré cela, le gouvernement français a donné l'ordre au chef de la mission qu'il juge utile d'envoyer de nouveau au Soudan, de maintenir le plus longtemps possible les relations amicales avec le cheik Ahitaghem. Ce dernier n'a donc rien à craindre de la part du chef de la mission. La caravane qui traversera le territoire hoggar sera accompagnée par une forte escorte armée, devant la protéger contre les attaques des brigands, mais elle n'a aucun but hostile et ne portera aucune atteinte à l'indépendance des tribus touaregs. En conséquence, le chef de la mission prie le cheik Ahitaghem de venir le voir et de lui fournir des guides, si cela est possible, pour marcher vers le Soudan.

Enfin, la lettre doit mentionner qu'en cas d'hostilité de la part des Touaregs-Hoggars, les troupes françaises marcheraient sur Insalah.

Gardé par la cavalerie, au sud et à l'est, le capitaine commandant le poste de Hassi-Insokki prendra toutes les dispositions qui lui sembleront nécessaires pour assurer un long séjour. Il préparera le renouvellement des vivres de la cavalerie, recevra ses renseignements et les transmettra par Hassi-Nifel au chef de la mission, et enfin il fortifiera la position d'Insokki, en faisant creuser une demi-redoute fermée à la gorge et ayant environ 100 mètres de développement de la crête. Cette redoute doit être faite à proximité et sur un point dominant le puits; elle doit être terminée le surlendemain du jour de l'arrivée. Les bagages seront déposés dans la redoute[1]. Enfin, on appliquera toutes les mesures de sûreté prescrites par le règlement sur le service en campagne.

Les chameaux en pâturage seront toujours gardés par un piquet spécial.

Départ et service de la deuxième colonne.

Quinze jours après le départ de la première colonne, le poste d'Amguid se mettra en marche à son tour, en suivant les mêmes points d'étapes que la colonne précédente.

Ce poste, composé d'une demi-compagnie d'infanterie, de deux canons, d'un convoi de chameaux portant des vivres pour 6 mois, de l'eau pour 8 jours et 50 à 100 outils de campagne, sous le commandement d'un capitaine et deux officiers, arrivera à Hassi-Insokki le 7 novembre.

Deux guides connaissant la route jusqu'à Amguid et au delà marcheront avec la caravane.

La colonne fera un repos de deux jours à Hassi-Insokki; elle fera échanger avec l'autre détachement les chameaux malades ou blessés, et continuera sa route dans la direction d'Amguid où elle arrivera le 28 novembre, après avoir fait séjour à Hassi-el-Messegguen, Tillèmes-el-Mera et Tillèmes-Iraoum. Le commandant doit faire nettoyer tous les puits qui se trouvent sur son passage, si cette opération n'a pas été faite au préalable par la cavalerie ou les hommes de la patrouille du poste Insokki.

A partir de Hassi-el-Messegguen, le 2e peloton de cavalerie précéderait la colonne d'une ou deux journées de marche; il resterait ensuite à Amguid et éclairerait le détachement dans toutes les directions, jusqu'au Inz-el-Man et au delà. L'officier topographe commencerait ses travaux sous l'escorte du 2e peloton de cavalerie. Un ingénieur pourrait être adjoint au poste d'Amguid pour reconnaître la géologie d'Ahgar, les sources thermales, les mines de sel, de fer et d'alun.

---

[1] Pour la construction de cet ouvrage de campagne, qui a pour but de mettre le détachement en garde contre une surprise, il n'y a qu'à appliquer les prescriptions de l'article 158 du titre IV du règlement sur les manœuvres de l'infanterie. Il s'agit d'abord de se mettre à l'abri d'une surprise, plus tard on agrandirait l'ouvrage et on le rendrait plus résistant.

En arrivant, le commandant du détachement fera occuper militairement les sources d'Amguid et construire les ouvrages qu'il jugera nécessaires pour défendre l'entrée du cirque.

Les pièces seront installées sur des points dominants le cirque que l'on aura soin de renforcer au moyen de quelques retranchements; on agrandira progressivement ces ouvrages pour le transformer, pendant le séjour, en poste permanent. A l'intérieur du cirque, on doit construire, avec les matériaux trouvés sur place, c'est-à-dire la terre, la pierre et le bois de gommier ou de tamarix, quelques baraques pour la troupe.

Les vivres seraient emmagasinés.

Enfin, le détachement laisserait un poste de correspondance à Hassi-el-Messegguen, composé de 10 à 12 hommes, sous le commandement d'un sous-officier et d'un caporal indigènes. Ce poste serait relevé tous les quinze jours.

La colonne d'Amguid peut être attaquée dans sa marche. Dans ce cas, elle repoussera l'agression par les armes et continuera le trajet. Si l'ennemi se montre en force trop considérable, ce qui est peu probable, la colonne doit se replier sur Hassi-Insokki et attendre les ordres du commandant de la mission.

Mise en route de la colonne principale escortant les membres de la mission.

Trente jours après le départ du premier détachement, c'est-à-dire le 31 octobre, toute la mission se mettra en marche sous l'escorte des deux dernières compagnies et de deux pièces d'artillerie. Elle sera accompagnée par le capitaine directeur du service topographique, par un officier adjoint et par six guides. Les chameaux emporteront une provision de quatre mois de vivres et huit jours d'eau.

La colonne arrivera à Hassi-Insokki le 22 novembre. Elle continuera ensuite sa route après un repos de deux jours, pendant lequel les éclopés seront laissés au poste d'occupation, et les animaux malades ou trop faibles seront échangés avec ceux du premier détachement rétablis de leur fatigue. Il en sera de même au poste d'Amguid, où la mission doit arriver le 13 décembre, pour reprendre la marche sur Bir-Assiou après un nouveau repos de cinq jours.

Ce dernier point doit être atteint vers le 5 février, en suivant la vieille route des caravanes par la plaine d'Amadghor.

Si le commandant de la mission juge utile de se faire précéder par un nouveau poste, il l'enverra d'Amguid huit jours à l'avance.

Le premier peloton de cavalerie restera à El-Khoneig, sur la route d'Insalah, jusqu'à l'arrivée à Insokki de la colonne principale.

Il traversera ensuite, si cela est possible, le plateau de Tademayt, en flanquant au sud la colonne, passera par le défilé Khangat-el-Hdid, et atteindra la vallée d'Igharghar. A Amguid, les deux pelotons se réuniront et iront s'installer à 60 kilomètres plus au sud, vers Ighellachem pour éclairer de nouveau la mission après le repos, le premier peloton sur la route d'Idelès et le second sur celle de Sebkha-d'Amadghor. A partir d'Amguid, toute la cavalerie suivra la marche de la colonne principale, et les postes d'occupation seront abandonnés à leurs propres ressources.

Le commandant de la mission pourra laisser à Amguid, s'il le juge nécessaire, un de ses officiers topographes pour parcourir et lever tout le plateau d'Ahagar pendant le temps que durera l'occupation de ce point.

Cependant, on ne doit pas oublier que le service topographique aura à remplir au Soudan même la plus grande partie de sa tâche.

Tout danger étant écarté par la cavalerie, qui éclairera la colonne à une grande distance et l'informera assez à temps de l'approche de l'ennemi, la mission pourra se fractionner sans inconvénient pour explorer une zone de terrain aussi considérable que possible. A cet effet, le commandant aura soin, avant son départ d'Ouargla de faire diviser l'escorte et les bagages en huit sections, et de les numéroter pour établir un tour de détachement. Ces sections seront dirigées sur les flancs, toutes les fois qu'il sera nécessaire de reconnaître les chemins ou les points importants.

Ainsi, la section n° 1 pourra être dirigée par le chemin des dunes de Tillèmes-Safsaf à El-Messegguen, et attendre dans cet endroit l'arrivée de la colonne. La section n° 2 irait reconnaître la route directe d'Insalah, passant par l'Oued-Mia; à cet effet, elle quitterait la colonne à Hassi-Nifel et reviendrait la rejoindre aux puits d'Insokki. La section n° 3 pourrait être chargée de compléter l'exploration de la plaine d'Adjemor, en suivant la marche du premier peloton de cavalerie; elle quitterait la colonne à Insokki et irait la rejoindre à Amguid. Enfin, la section n° 4 serait lancée sur la route d'Idelès, etc.

En arrivant au Soudan, le gros de la mission doit s'installer dans un endroit central, par exemple au puits d'Assiou, et l'on doit envoyer plusieurs subdivisions dans la direction d'Agadez, dans la vallée du Tafasasset, de Haoussa, etc., en suivant les itinéraires indiqués ci-après.

A partir d'Amguid, il n'y aurait plus de postes fixes de correspondance, à moins d'une nécessité absolue. Cependant, le commandant de la mission emmènerait avec lui quelques indigènes montés, pour la transmission des dépêches.

A cet effet, il établira de petits dépôts de vivres sur plusieurs points ayant de l'eau, tels qu'à Inz-el-Man, à Telinafera, et partout ailleurs où il jugera nécessaire. Ces vivres seront enterrés dans un endroit connu des courriers, qui pourront s'en servir lors de leur retour.

Alors la correspondance sera transmise tous les huit ou dix jours; elle sera apportée à Amguid par des groupes de deux hommes qui quitteront successivement la colonne en revenant par les puits où l'on aurait organisé les dépôts de vivres et de munitions.

Au besoin, la colonne doit jalonner les traces de son passage au moyen de marques convenues à l'avance, telles que tas de pierres, branches d'arbres, inscriptions sur les rochers, de manière que la route puisse être retrouvée facilement par des cavaliers isolés chargés de la transmission de la correspondance.

Cette précaution sera observée surtout depuis Amguid jusqu'au puits d'Assiou, c'est-à-dire dans la partie la moins connue du Désert.

Graphique de l'exploration proposée.

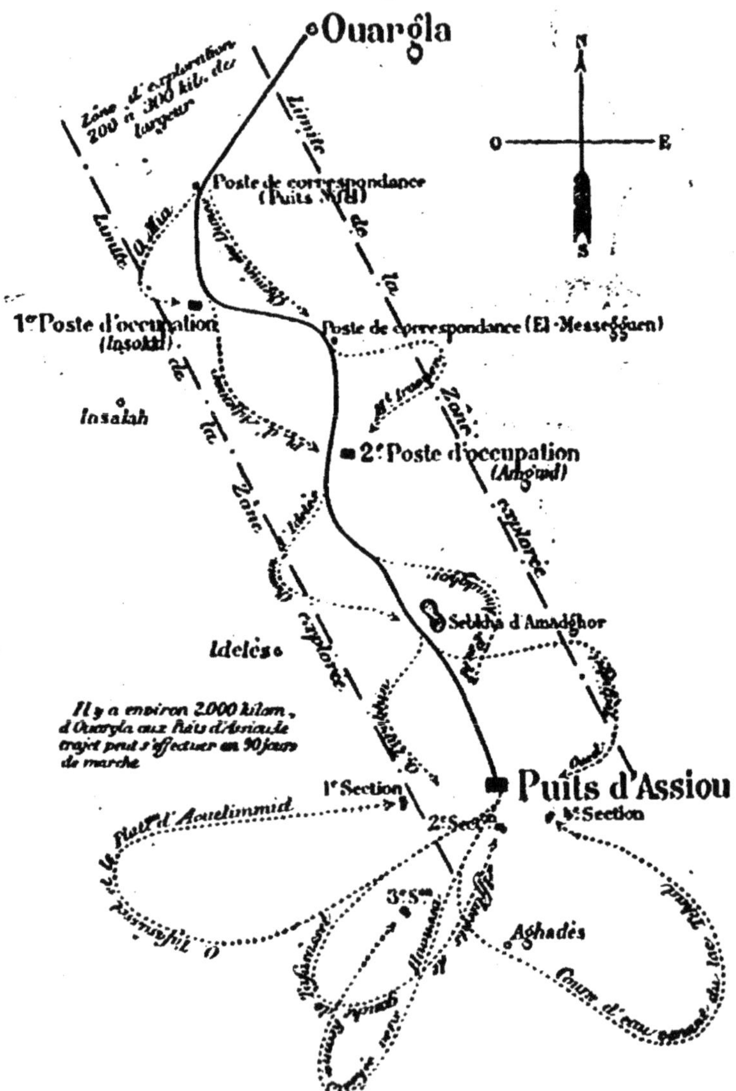

Colonie française du Soudan.

En arrivant dans le bassin du Niger, le commandant de la mission doit chercher à y établir une colonie française, soit sur les bords de Tafasasset, soit plus au sud, et d'entrer en relations commerciales, au moyen de cette colonie, avec les états indépendants de l'Afrique centrale.

Aujourd'hui les vastes solitudes qui s'étendent depuis les puits d'Assiou jusqu'à la frontière d'Aïr sont tachetées de loin en loin par des bouquets de tellohs que broutent quelques girafes, par des herbes abondantes où s'arrêtent parfois une famille d'autruches ou un troupeau de ces grandes antilopes que les Arabes appellent bœuf sauvage.

Mais le sol, qu'arrosent souvent les pluies tropicales, se prête à la culture, et son climat est beaucoup plus sain que celui du bas Niger ou du Sénégal.

On trouve aux environs d'Assiou de nombreux bois de gommier et d'éthel, ayant 1m,50 à 2 mètres de circonférence, la pierre calcaire, le grès, le gypse, la chaux, l'argile, la terre à ciment; la pierre meulière et autres matériaux de construction, étant communs dans tout le Sahara, d'après l'avis de M. Duveyrier, la construction des habitations en maçonnerie ne semble pas avoir une très grande difficulté.

En outre, toute la région méridionale du Désert, parcourue par quelques tribus nomades de Touaregs-Aouelimmiden, n'appartient pour ainsi dire à aucun État et personne ne peut contester les droits de son occupation.

C'est dans cette région que nous proposons d'établir la première colonie française, colonie composée d'une population noire que l'on pourrait acheter au Soudan et à laquelle on rendrait la liberté aussitôt qu'elle reconnaîtrait le protectorat de la République française.

Cette colonie serait l'avant-garde de la civilisation européenne.

En admettant qu'un esclave coûte 100 francs dans le Sakatou ou dans le Haoussa, les frais nécessaires à la création d'une ville de deux mille âmes ne dépasseraient pas 400,000 francs. Les bêtes de somme, comme les bœufs ou les ânes, pourraient être achetés dans le pays de Sakatou où ils se trouvent en grande quantité, et les chevaux à Bornou. On sait, en effet, que les vastes pâturages du lac Tchad fournissent une excellente race de chevaux que l'on n'a jamais pu acclimater dans les contrées insalubres du bas Niger, ni même au Congo.

Nous insistons sur cette particularité significative, car elle démontre la différence du climat entre les côtes et le centre de l'Afrique, et nous donne une espérance sur l'avenir agricole de nos futurs établissements du Soudan. Il convient de remarquer aussi que la force armée principale de l'empire de Bornou se compose de cavalerie montée par des esclaves noirs.

En résumé, le premier devoir qui incombera au commandant de la mission sera de rechercher le point où l'on doit fonder la colonie en question. Ce point doit se trouver dans la région des pluies, où les vents du Désert rafraîchissent de temps en temps la température humide et permettent à l'Européen d'y séjourner sans exposer sa santé au danger des fièvres pernicieuses qui règnent si fréquemment au Sénégal et dans d'autres contrées de l'Afrique occidentale.

Le sol de cet endroit doit être suffisamment fertile et favorable à la création d'établissements agricoles de colons ou d'indigènes. Enfin, il doit se trouver entre les puits d'Assiou et la frontière d'Aïr, c'est-à-dire dans la partie du Désert parcourue par des nomades, mais n'appartenant à aucun État plus ou moins régulièrement constitué.

Quand l'emplacement sera déterminé, on se mettrait à l'œuvre, on jalonnerait les rues de la nouvelle ville, on tracerait l'emplacement des forts et on délimiterait des propriétés particulières qui seraient offertes aux esclaves aussitôt leur arrivée sur le point déterminé et leur libération.

Comme il est probable que l'approvisionnement sera épuisé en grande partie au moment de l'arrivée de la caravane dans le bassin du Niger, le commandant entrera en relations avec les populations sédentaires d'Aïr, et fera acheter des vivres pour une nouvelle période plus ou moins longue; il les fera venir au lieu du séjour de l'escorte, soit au moyen de ses chameaux, soit au moyen de ceux des caravanes trafiquant le sel et les marchandises de Tripoli.

N'oublions pas que les mines de sel d'Amadghor, les plus riches du Désert, ont été abandonnées par les Soudanais à cause de l'insécurité qui régnait dans ces contrées.

Les Touaregs-Aouelimmiden nomades pillaient toutes les caravanes qu'ils rencontraient. Il serait donc utile de faire connaître aux populations des États nègres que les Français cherchent à établir un poste armé sur la frontière méridionale du Sahara, pour défendre les caravanes marchandes qui vont du Soudan en Algérie et à Tripoli, et que l'exploitation des mines de sel d'Amadghor pourrait être reprise sous sa protection.

Cette nouvelle produira certainement un bon effet, car les Touaregs sont généralement détestés.

Exploration du Soudan.

Nous avons dit plus haut qu'en arrivant dans le bassin du Tafasasset, le commandant de la mission doit diviser son escorte en deux parties. La première partie, formant la réserve, serait chargée de fonder la nouvelle colonie, et la seconde poursuivrait le service d'exploration, après avoir renouvelé son approvisionnement dans le pays d'Aïr, qui se trouve environ à 10 jours de marche des puits d'Assiou.

Cette seconde partie serait partagée en quatre sections, pour explorer le pays le plus loin possible.

Nous traçons l'itinéraire de chacune de ces quatre sections, en faisant remarquer qu'il s'agit seulement d'un trajet dans lequel nous écartons toutes les difficultés existantes ou pouvant se présenter, telles que l'hostilité des populations indigènes, le manque absolu d'eau ou de végétation, surtout dans le pays d'Aouelimmiden, et enfin la saison des pluies. Nous supposons que la marche de ces petites caravanes ne sera entravée par aucune de ces difficultés.

Cependant, si les chefs de caravane jugent qu'il est impossible de continuer la route, ils se rallieront à la réserve, et l'exploration sera ajournée à une époque plus favorable.

Chaque caravane doit avoir une escorte armée de 25 à 30 hommes. Il semble que cette force soit suffisante pour la protection des membres de la mission.

Barth, allant de Sakatou à Tombouctou, n'avait que quelques

indigènes avec lui ; Nachtigal, faisant le voyage de Tripoli à Tibesti et à Bornou, était accompagné de huit chameaux et de trois domestiques italiens, et cependant la vie de ces voyageurs n'a jamais été sérieusement en danger.

Toute l'exploration doit être terminée en cinq mois.

La première section doit avoir Tombouctou comme objectif extrême d'exploration ; elle doit chercher à se mettre en communication avec les canonnières françaises parcourant le Niger [1].

Partie d'Assiou, elle suivrait le cours du Tafasassel jusqu'au Agredein, pour prendre ensuite la route des caravanes qui mène d'Agades à Asaouad, atteindre le cours du Niger à Fagoua et retourner à Assiou par le plateau d'Aouelimmiden, ou pour s'embarquer à destination du Sénégal, si cela devenait nécessaire.

Le trajet d'aller au coude du Niger et retour à Assiou, aurait environ 2,300 kilomètres, que l'on pourrait faire en 115 jours de marche, y compris les repos.

L'ingénieur accompagnant la première mission serait chargé d'étudier l'hypothèse d'une navigation du Tafasassel, ainsi que le tracé d'une voie ferrée d'Assiou à Fagona.

La deuxième section serait envoyée à Sakatou, en suivant la rive gauche du Tafasassel et en revenant à Assiou par Agadèz. Cette section pourrait se mettre également en communication avec la flottille du Niger qui, arrivée à hauteur de la ville de Say, devrait envoyer une mission jusqu'à la capitale du Félan, à la rencontre de la mission algérienne. La deuxième section aurait 2,400 kilomètres à faire en 105 jours.

La troisième section pourrait suivre l'itinéraire de la seconde, joindre Haoussa et revenir par la capitale de Bornou ; elle aurait 2,500 kilomètres à faire en 125 jours.

Enfin, la quatrième section pourrait être chargée d'explorer la limite orientale du lac Tchad et de revenir à Assiou, après un voyage de 120 jours.

On voit qu'en s'étendant le plus possible dans le Soudan central, nous désirons appliquer le système d'exploration employé avec succès au Sénégal par le général Faidherbe.

---

[1] Pour déterminer les itinéraires, nous nous servons de la carte d'Afrique éditée par *la Petite République française* et *l'Armée française*. Paris, 1881. Cette carte semble être assez exacte.

Les différentes missions commandées par Vincent, Bourel, Mage et Quintin, partant du point central où se trouvait la réserve, avaient le même but que celles que nous désirons envoyer d'Assiou.

Ajoutons que chaque chef de caravane doit être porteur de lettres du commandant de l'expédition adressées au conseil de Tombouctou, au sultan de Sakatou et au sultan de Bornou, leur faisant connaître la création de la nouvelle colonie française et son intention d'entrer en relations amicales avec les États du Soudan.

En outre, les caravanes allant à Sakatou et à Haoussa pourraient être chargées de l'achat d'un certain nombre d'esclaves et d'animaux domestiques destinés à la nouvelle colonie.

Ici, il convient de remarquer que l'abominable commerce d'hommes étant la base des revenus des rois de Nigritie, il ne faut pas commettre l'imprudence de l'enrayer au début.

Ce n'est que progressivement et à la suite d'une installation complète de nos possessions qu'il serait possible de guérir cette terrible plaie de l'humanité faisant honte à la civilisation.

Un mot sur les projets de Faidherbe et de Duponchel.

Toute cette longue étude a pour but de faire pénétrer la civilisation européenne dans les contrées barbares de l'Afrique centrale, par deux voies différentes, celle de l'ouest et celle du nord. Nous répétons que la première idée appartient entièrement au général Faidherbe et la seconde à l'ingénieur Duponchel.

M. le général Faidherbe a su démontrer l'utilité de son projet, grâce à l'influence qu'il exerce sur l'opinion publique par sa haute situation politique et par sa compétence incontestable dans les questions coloniales.

C'est d'après son avis que le gouvernement a confié, en 1880, au colonel Borgnis-Desbordes la direction des opérations militaires dans le haut Sénégal. Cet officier supérieur, gagnant du terrain chaque année, est parvenu, en trois campagnes successives, à Bamakou, et y a construit un fort à 1600 kilomètres des côtes.

A partir de cette époque, c'est-à-dire à partir de 1883, le Soudan occidental nous appartient réellement et nos canonnières peuvent naviguer sur le Niger.

Aujourd'hui, la route de Saint-Louis à Bamakou est protégée par treize forts, qui sont : Richard-Tolle, Dagana, Podor, Acré, Saldé, Matam, Bakel, Bafoulabé, Badoumbé, Tonkolo, Kita, Kondou et Bamakou. Ces forts sont déjà reliés par un fil télégraphique et l'on espère que la voie ferrée y passera également.

Eh bien! si l'on veut accomplir l'œuvre de la civilisation de l'Afrique, il faut que la France fasse les mêmes sacrifices pour le projet Duponchel qu'elle a fait déjà pour le projet Faidherbe.

Il faut envoyer, de l'Algérie au Soudan, une mission armée, comme celle de Borgnis-Desbordes, pour les raisons suivantes :

1° *Établir à Assiou un poste analogue à celui de Bamakou ;*

2° *Créer dans ce poste une population noire, composée d'esclaves libérés ;*

3° *Organiser une première force armée du Soudan ;*

4° *Élever des forts sur la route traversant le Sahara ;*

5° *Enfin, relier ces forts et le point extrême par une ligne télégraphique et, plus tard, par un chemin de fer qui porterait le nom de Transsaharien.*

Il nous semble que les forts protecteurs de la future route entre Ouargla et Assiou doivent être en même nombre que ceux que l'on a construits entre Saint-Louis et Bamakou.

Voici les noms que nous désirons leur donner, après avoir examiné la carte : Nifel, Insokki, El-Messegguen, Iraoum, Kangat, Amguid, Tinancourat, Inz-el-Man, plaine d'Amadghor, Téténaféra, Karama, fort du 22e degré, et enfin la citadelle d'Assiou.

Le général Borgnis-Desbordes a mis trois ans pour passer du Sénégal au Niger. Il avait, en effet, une mission bien pénible à remplir, à cause des populations indépendantes assez nombreuses avec lesquelles il fallait combattre.

Le plateau Ahagar est, au contraire, inhabité. On ne trouvera personne sur la route, sauf quelques campements de nomades ou quelques vagabonds guettant le passage des caravanes marchandes. *Il est donc évident que la campagne du Sahara est beaucoup plus facile que celle du Sénégal et que nous pouvons la terminer en une année.*

Partant d'Ouargla au mois d'octobre, comme nous l'avons indiqué dans la deuxième partie de notre étude, le commandant et les principaux membres de la mission doivent retourner à

Paris, sains et saufs, dans le courant du mois de septembre de l'année suivante.

Durant son absence, la mission doit traverser deux fois le Sahara, établir une colonie française au Soudan, explorer une grande partie de la Nigritie, entrer en relations de commerce avec les États de Bornou et de Sakatou, et enfin assurer la communication entre la nouvelle colonie et l'Algérie, par des postes occupant les points les plus importants.

Au retour, les membres de la mission feraient connaître, dans des conférences publiques, les avantages que la France peut tirer du Soudan. *D'après ce compte rendu, le gouvernement pourrait décider s'il y a lieu d'abandonner définitivement le projet Duponchel ou, au contraire, de construire d'abord les forts précités et reprendre ensuite l'idée du Transsaharien.*

Conduite à tenir en cas d'hostilité des Touaregs.

Nous terminons notre étude par la citation de quelques paragraphes sur la manière de combattre des Touaregs, extraits de l'excellent ouvrage de M. Duveyrier, que le chef de la mission doit étudier avec le plus grand soin, s'il ne veut pas compromettre le sort de l'expédition. Le colonel Flatters a négligé complètement l'importance de ces renseignements, ou il les a oubliés au moment opportun. Voici ce que dit M. Duveyrier :

« Les éclaireurs des Touaregs jouent un grand rôle dans la « guerre de surprises; c'est par eux que la proie est signalée, « guettée et livrée aux capteurs. Si tous les Touaregs, en géné- « ral, ont la vue et l'ouïe d'une délicatesse qui leur fait voir et « entendre à des distances incroyables, les éclaireurs ont ces « qualités au suprême degré. Devançant la troupe au loin, pour « l'observer, ils savent toujours où ils retrouveront leurs amis.

« Les interrogatoires que les Touaregs font subir à tous « les étrangers traversant leur pays, sont aussi un moyen de « savoir ce qui se passe autour d'eux, car on s'expose peu à les « tromper.

« La rapidité de la transmission des nouvelles par les voya- « geurs est quelque chose d'incroyable.

« L'ennemi découvert, on cherche toujours à l'aborder en le « surprenant.

« L'armement exige que l'on combatte de très près, à la dis-« tance d'un fer de lance, mais généralement on préfère la sur-« prise à la rencontre. Lorsqu'une tribu est surprise, elle n'op-« pose pas de résistance et fuit, abandonnant tout ce qu'elle « possède; de leur côté, les assaillants, plus préoccupés de piller « que de poursuivre leur ennemi, se hâtent de s'emparer au « plutôt du butin, dans la crainte d'un retour offensif qui est à « redouter, même après 4 et 5 jours de capture.

« C'est dans le retour offensif que les Touaregs paraissent « redoutables.

« Les pillés réunissent leurs méharis, font appel à leurs amis « et alliés, et quelle que soit la célérité que les pilleurs appor-« tent à la retraite, on se met à leur poursuite.

« On tâche de les devancer aux premiers puits où ils doivent « abreuver leurs montures et leurs bêtes de somme, et là, *on est « sûr que le besoin de boire amènera toutes les bêtes de prix au « pouvoir de leurs anciens maîtres* ».

Cette tactique a été suivie à la lettre dans le massacre du 16 février 1881. Le colonel Flatters, accédant au conseil des guides qui n'étaient que les agents de l'ennemi, a fait décharger les chameaux et les a fait conduire à l'abreuvoir par petits déchements séparés. Lorsque plus tard les chefs de la mission ont été surpris, égorgés et le puits occupé par l'ennemi, les chameaux altérés, voyant leurs congénères au puits avaient senti l'eau et il fut impossible aux chameliers de les ramener vers le camp, ni de les maintenir groupés. Malgré les efforts des conducteurs, ils se sont échappés d'abord isolément et ensuite par bandes entières en courant vers le puits.

Il faut tirer les conséquences suivantes des renseignements que nous donne M. Duveyrier :

1° Le chef de la mission doit s'attendre à être suivi par les éclaireurs touaregs, à partir de Hassi-Insokki, sinon à partir d'Ouargla. Ces éclaireurs ne se montreront pas, mais ils seront toujours à proximité de la colonne.

Pour les écarter, il faut toujours éclairer les flancs pendant la marche et envoyer des patrouilles indépendantes dans toutes les directions.

2° Toutes les fois que la colonne arrive à un puits, surtout à la suite de plusieurs étapes sans eau, on doit prévoir une surprise.

Dans ce cas, une partie de l'ennemi précèderait la colonne au puits et l'autre l'attaquerait à l'improviste pour dégager les chameaux pendant le combat et *leur faciliter la fuite vers l'eau.*

Les chefs des colonnes pourront déjouer cette tactique en faisant occuper d'abord le puits par un détachement d'infanterie qui précèderait la colonne de 2 ou 3 kilomètres au moment de l'arrivée à l'étape, et ferait établir une bonne garde, après avoir chassé des alentours tous les individus suspects.

Pendant le repos, on doit toujours commander un piquet destiné à marcher au premier coup de feu. Ce piquet doit avoir les armes chargées.

3° Si l'ennemi ne réussit pas à enlever les chameaux à proximité de l'eau, il peut surprendre la colonne soit en marche en débouchant à courte distance d'un pli de terrain, soit pendant le repos de nuit. Aucune surprise de cette nature ne peut se produire si l'on observe pendant la marche et pendant le repos les mesures de sûreté prévues par nos règlements sur le service en campagne. Cependant, l'attaque de nuit est toujours considérée comme étant très redoutable, car les Touaregs, couverts par l'obscurité, peuvent s'approcher à très petite distance et combattre avec leurs lances. Pour éviter ce cas, il faut : 1° installer le camp dans un endroit favorable à la défense et le retrancher au besoin; 2° établir les avant-postes et commander un piquet armé pouvant faire feu au premier signal; 3° se munir d'un appareil électrique devant éclairer, au moment de l'attaque, les points éloignés du camp[1].

Toutes ces mesures d'ordre doivent être assurées par le chef de bataillon commandant en second, qui veillerait, en outre, à ce que les bagages soit déchargés et placés en carré tous les jours avant la tombée de la nuit.

4° Les guides indigènes, touaregs ou chambas d'Ouargla, doivent être surveillés avec la plus grande attention, et ceux marchant avec la cavalerie ne doivent jamais communiquer avec leurs compatriotes conduisant la colonne. En suivant ce principe, il n'y aura pas d'entente commune.

5° Toute députation indigène serait conduite au comman-

[1] Le cri de guerre des Touaregs est : *Hia ! Hia ! Hia !* Ils poussent ce cri pendant la charge, qui se fait en désordre à 400 ou 500 mètres de l'ennemi.

dant de la mission ou au commandant du poste d'occupation, qui auront soin de la recevoir en dehors du camp.

6° Enfin, on pourrait recommander à l'escorte de la mission de ne jamais provoquer l'ennemi, mais de résister seulement à une attaque de vive force.

Si l'hostilité de l'ennemi est annoncée, le commandant de la mission doit informer le poste d'Amguid, qui transmettra les dépêches au commandant d'Ouargla et prendra les dispositions provisoires pour porter secours à la colonne. Il en sera de même lorsque l'ennemi sera repoussé.

Tel est l'ensemble de notre projet.

Nous avons la certitude qu'en observant les précautions que nous indiquons, la traversée du Sahara s'effectuera sans incident. Les terribles Touaregs, que certaines personnes mal informées considèrent comme impossibles à vaincre, sentant la force et ne voyant aucune provocation de notre part, nous suivront de loin sans jamais nous aborder. Plus tard, lorsqu'ils sauront reconnaître l'utilité d'une voie ferrée qui améliorera leur sort, ils deviendront nos meilleurs amis.

Conclusion.

La construction d'une voie transsaharienne est une idée à la fois grandiose et humanitaire.

Il s'agit seulement d'écarter les trois obstacles que nous avons indiqués dans notre étude, et qui sont : l'hostilité des populations nomades du Sahara, les sables mouvants et l'immensité de l'espace.

Nous répétons donc que le premier obstacle pourrait être écarté facilement en prenant, plus tard, les Touaregs du nord à la solde de la France et en les employant comme les gardiens naturels de la voie ferrée. Si ce projet ne réussit pas, l'occupation d'Insalah et surtout la création de treize forts garde-voie, depuis Ouargla jusqu'à Assiou, avec la circulation des wagonnets blindés armés de mitrailleuses, pourrait mettre fin à toute agression des indigènes.

D'ailleurs, celle-ci est tout à fait imaginaire.

Flatters nous a montré le chemin où l'on peut tourner le deuxième obstacle, c'est-à-dire les sables.

Il reste seulement l'espace à combattre. Or, cette dernière tâche ne pourrait être accomplie qu'à l'aide d'une compagnie industrielle prenant l'exploitation de la voie ferrée à sa charge.

Les frais de construction ne dépasseront pas 200 millions, que l'on pourrait diviser en quatre emprunts successifs de 50 millions chacun[1]. La construction de la ligne entière pourrait s'effectuer ainsi en quatre périodes de deux ans et de la manière suivante. En 1889, on pourrait faire le chemin de fer de Biskra à Ouargla; en 1891, on prolongerait la ligne jusqu'à Insokki; en 1893, jusqu'à Inz-el-Man, et définitivement l'on atteindrait Assiou en 1895.

La distance est énorme, mais les rails une fois posés, l'entretien de la ligne s'effectuerait avec de faibles dépenses et n'exigerait qu'un personnel relativement restreint. D'autre part, les richesses du Soudan sont très grandes; les Anglais les comparent déjà à celles des Indes.

Nous avons la certitude qu'ils ne se trompent pas, car toute la zone de l'Équateur possède les mêmes ressources naturelles.

Aujourd'hui, on ne connait de ces pays que la plume d'autruche ou la poudre d'or, c'est-à-dire les produits légers, apportés sur le dos des chameaux. On sait, cependant, que le sol est fertile, la main-d'œuvre facile et la plantation du coton et du thé pourraient très bien réussir. En outre, les riches prairies de Bornou et du lac Tchad semblent se prêter à l'élevage des chevaux et des animaux domestiques.

---

[1] Nous prenons pour base de notre appréciation le décompte de M. l'ingénieur Béringer, de la mission Flatters, qui a évalué de la manière suivante la dépense de la construction d'une voie ferrée entre Ouargla et un point situé à 600 kilomètres plus au sud :

1° Infrastructure et ballast	13,526,000
2° Parasables	60.000
3° Voie	30,000,000
4° Bordj (maison fortifiée tous les 20 kil.), avec puits et réservoir	3,600,000
5° Télégraphe	2,400,000
Total	49,586,000
Dépenses imprévues et accessoires	5,414,000
Frais d'étude et de surveillance	5,000,000
Montant total de l'estimation pour les 600 kilomètres	60,000,000

Si l'hypothèse de la navigation centrale du Soudan pouvait se réaliser, la compagnie industrielle pourrait organiser progressivement plusieurs centres de commerce dans le bassin du Niger et du Tafasasset et, de là, diriger les produits africains en Europe, d'une part par la voie ferrée, de l'autre par l'Océan atlantique.

Le trajet étant ainsi plus court et plus rapide (il faut compter 8 à 10 jours pour transporter les marchandises d'Assiou à Paris par le chemin de fer), le coton et d'autres matières premières seraient vendues en Europe à meilleur marché que les produits des Indes anglaises.

Il en résulterait un déplacement d'une grande partie du commerce de l'Asie en Afrique.

En dehors de cette condition essentiellement commerciale, il ne faut pas non plus perdre de vue les avantages politiques et militaires pour toutes nos colonies d'Afrique.

L'Algérie, par exemple, n'ayant pas de frontière méridionale bien déterminée, les tribus arabes insurgées s'éloignent sans difficulté dans le Désert, après chaque révolte et échappent au châtiment.

Cependant, nous avons la certitude que les désordres qui éclatent de temps en temps dans le sud de cette colonie, cesseraient complètement si les Arabes savaient à l'avance que le Sahara, leur base d'appui et de refuge, est traversé par une voie ferrée; que les drapeaux français flottent à Tombouctou, ville sainte du Soudan; que la France a des tribus alliées à 600 kilomètres d'Ouargla, ou que ses troupes occupent les puits du Désert et sont prêtes à marcher sur les bandes insurgées pour leur couper la retraite.

Alors l'Algérie deviendrait une colonie civilisée et l'on n'entendrait plus parler d'insurrection.

Faut-il oublier également le terrible état de barbarie dans lequel est plongé le Soudan? Ne doit-on pas mettre fin à la tyrannie des petits rois nègres, à la chasse à l'homme, à l'égorgement impitoyable des esclaves?

L'humanité restera-t-elle toujours sourde aux gémissements des martyrs que nous apporte de temps en temps l'écho du désert?

Et quel est donc l'État européen plus en droit d'intervenir pour secourir les malheureux esclaves que la République française, dont les possessions africaines entourent le Soudan.

Cet état de choses pourrait changer le jour où l'on construirait le Transsaharien.

Par conséquent, le Transsaharien est une œuvre tout à fait nationale. Notre intérêt commercial, politique, militaire, philanthropique et religieux nous commande d'achever l'exploration du Sahara et de poursuivre ensuite la grande entreprise qui fera honneur au génie français.

Paris. — Imprimerie L. Baudoin et Cᵉ, 2, rue Christine.

www.ingramcontent.com/pod-product-compliance
Ingram Content Group UK Ltd.
Pitfield, Milton Keynes, MK11 3LW, UK
UKHW020340250726
13967UKWH00005B/2031

9 782012 885547